MARLITT WENDT

RESILIENZ BEI PFERDEN

Wie Pferde Vertrauen und Gelassenheit finden

KOSMOS

INHALT

4 Mein Leben mit Pferden

6 Gut gerüstet fürs Pferdeleben

9 Was ist Resilienz?

9 Innere Kraft

10 Resilienz für Pferdemenschen

12 Das Pferdegehirn

13 Gefühle beeinflussen das Denken

16 Stressregulation über das Nervensystem

16 Das Verdauungssystem

20 Selektion und Zucht resilienter Pferde

24 SPEZIAL Kahuna: Beschützer der Schöpfung

26 Resilienz aktiv stärken

29 10 Care Factors – Resilienzfaktoren fürs Wohlbefinden

29 NR. 1 Gesunde Pferdehaltung

33 NR. 2 Harmonische Herdengestaltung

43 NR. 3 Gesunde Pferdefütterung

50 SPEZIAL Resilient durch Gemeinschaft

54 NR. 4 Sanfte Pferdeausbildung

56 SPEZIAL Arbeit mit dem Leitseil

60 NR. 5 Positive Lernatmosphäre schafft Optimismus

64 SPEZIAL Pausen ins Training einbauen

66 NR. 6 Wie Pferde Selbstwirksamkeit erleben können

71 NR. 7 Impulskontrolle und Selbstregulation

76 NR. 8 Motivation aktiv steuern

95 NR. 9 Stressabbau durch Bewegung

99 NR. 10 Beziehungstraining für eine starke Bindung

102 SPEZIAL Challenge Pferdepflege

108 Du und dein Pferd

111 Pferdemenschen stärken

111 Was macht einen resilienten Menschen aus?

117 Die Rolle des Menschen

122 Von der Theorie zur Praxis

138 Service

139 Quellen- und Literaturverzeichnis

140 Zum Weiterlesen

142 Register

Mein Leben mit Pferden

Als Autorin und Pferdebesitzerin fasziniert mich das Thema Resilienz, und wie Pferde mit Stress auf ganz unterschiedliche Weise umgehen, seit vielen Jahren. Es ist ein wichtiger Schlüsselfaktor dafür, einen wirklichen Zugang zu einem Pferd zu finden.

Ich habe mich immer für eine ziemlich gelassene, ruhige und resiliente Person im Umgang mit Pferden gehalten. Bis meine Haflingerstute Chihiro, genannt Mausi, mich eines Besseren belehrte. Sie hat als hochsensibles, sehr introvertiertes, aber gleichzeitig sehr reaktives Pferd entscheidend dazu beigetragen, dass ich noch mehr über die frühen und meist nur sehr subtil wahrnehmbaren Stresszeichen eines Pferdes gelernt habe. Denn ohne ganz genau auf ihr Befinden zu achten, wäre es nicht möglich gewesen, gemeinsam Ausflüge in die Natur zu machen. Zu schnell wäre es zu durchaus gefährlichen Situationen mit ihr gekommen und wir wären beide überfordert gewesen.
So war der Schlüssel zu diesem Pferd der Weg der totalen Entschleunigung und des bedürfnisorientierten Lernens. Und auf diesem Wege habe ich auch mehr über die Bedürfnisse meiner anderen Pferde, der Pferde meiner Schülerinnen und Schüler und letztlich auch über meine eigenen Bedürfnisse und die anderer Menschen gelernt.
Wenn ich sehe, was ein Pferd bewegt, dann kann ich seinen Bedürfnissen entsprechend handeln. Was dem einen Pferd in brenzligen Situationen hilft, sich wieder zu beruhigen, hat vielleicht bei einem anderen gar nicht den gewünschten Effekt. So geht es für mich beim Blick auf das Stresserleben eines Pferdes gar nicht anders, als tief in seine Persönlichkeit einzutauchen und seine psychischen Ressourcen zu finden. Diejenigen Persönlichkeitsmerkmale, die es zu dem macht, was es ist. Bei der Gelegenheit werfe ich dann auch einen Blick auf die Rolle des Menschen. Wir sind es, mit unserer Persönlichkeit und inneren Themen, die großen Einfluss auf das Stressempfinden unseres Pferdes haben. Wer sich selbst und den eigenen Umgang mit Stress und die eigenen Ängste und Sorgen gut kennt und liebevoll annimmt, der hat es leichter, das vollständige Potenzial des Pferd-Mensch-Teams auszuschöpfen. Diese Schöpferkraft von Pferd und Mensch möchte ich mit diesem Buch stärken.

DIESES BUCH TEILT SICH IN DREI KAPITEL AUF

Teil 1 „Gut gerüstet fürs Pferdeleben" (ab Seite 6) beschäftigt sich mit den biologischen Hintergründen von Stress und Resilienz und welche uns davon wie stark im Alltag beeinflussen.

Der Teil 2 „Resilienz beim Pferd aktiv stärken" (ab Seite 26) ist in 10 Care Factors gegliedert. Diese Faktoren beschreiben, welche Stellschrauben ganz praktisch die eigene Pferdewelt verbessern können.

In Teil 3 „Du und dein Pferd" (ab Seite 108) komme ich schließlich zu der Rolle des Menschen und wie dieser Blick auf die eigene mentale Gesundheit dazu führen kann, ein stabiler Partner für das eigene Pferd zu sein.

GUT GERÜSTET FÜRS PFERDELEBEN

GEMEINSAM

Ein entspanntes Pferd-Mensch-Team profitiert von einem gut funktionierenden Stress-Bewältigungssystem.

Was ist Resilienz?

Unter Resilienz versteht man die Anpassungsfähigkeit eines Organismus, sich auf verändernde Umweltbedingungen einzustellen und Stress an sich abprallen zu lassen. Wer besonders resilient ist, schafft es, sich Herausforderungen zu stellen und gestärkt aus diesen hervorzugehen.

INNERE KRAFT

Der Wortursprung kommt von dem lateinischen Begriff „resiliere", der mit „abprallen" oder „nicht anhaften" übersetzt werden kann. Und so ist diese Eigenschaft in der Psychologie auch gemeint. Resilienz beschreibt eine innere Kraft, die dabei hilft, Krisen und Traumata zu bewältigen und stabil in der eigenen Persönlichkeit zu ruhen. Durch diese Kraft ist es möglich, Kontrolle über das eigene Leben zu verspüren und Lösungsstrategien für herausfordernde Zeiten zu entwickeln. Der Begriff Resilienz wurde zunächst in der Werkstoffkunde verwendet, um zu beschreiben, wie lange ein Stoff unter mechanischer Belastung seine Form behält und wie schnell ein Material nach einer Bearbeitung oder unter Druck zurück in seine ursprüngliche Form findet. Glas ist beispielsweise sehr fragil und zerbricht, wenn es Druck von außen ausgesetzt ist oder gar herunterfällt. Als Material hat es also eine geringe Resilienz. Ein Tennisball dagegen kann mit dem kräftigen Schlag eines Wimbledon-Siegers gegen eine Steinwand geschlagen werden und prallt unversehrt davon ab. Es ist also ein resilientes Material, weil es elastisch ist.

Jedes Pferd und jeder Mensch ist einzigartig und so reagiert jedes Individuum in ganz eigener Art und Weise auf Stress.

Inzwischen wird der Begriff sogar verwendet, um den Prozess der Renaturierung von Ökosystemen zu beschreiben. Zum Beispiel wenn ein vormals entwässertes Moor wieder vernässt wird und so zu seiner ursprünglichen Eigenschaft als Stickstoff- und Kohlendioxid-Speicher zurückgeführt werden kann.
Die Psyche ist natürlich nicht eins zu eins mit einem leblosen Material oder einem Ökosystem zu vergleichen, aber dennoch hat sich der Begriff seit den 1950er-Jahren auch in der Psychologie durchgesetzt, um zu beschreiben, warum manche Menschen „elastisch" auf Krisen reagieren und mit ihnen besser umzugehen scheinen als andere. Forscher versuchen herauszufinden, wie man Menschen (und in der Folge auch Tieren) helfen kann, mit Trauer, Verlust, Angst oder Schmerzen umzugehen. Wem es gelingt, Krisen auch als Chancen zu sehen und in jeder Lebenssituation ein Fünkchen Hoffnung zu finden, der wird ein glückliches Leben haben. Da Glück ja etwas ist, nach dem wir alle streben, erhoffen wir uns von der Resilienzforschung auch einen wichtigen Beitrag zur Glücksformel, die natürlich für jeden Einzelnen aufgrund der unterschiedlichen Lebenssituation und Erfahrungen unterschiedlich aussehen muss. Teilweise ist die Fähigkeit zur Resilienz angeboren, teilweise wird sie durch unterschiedliche Faktoren begünstigt oder gehemmt. Beim Menschen weiß man beispielsweise, dass eine positive Grundeinstellung, ein gutes Selbstwertgefühl und ein wohlwollendes soziales Umfeld die mentale Widerstandskraft stärken, während beispielsweise Gewalterfahrungen, Armut oder Verwahrlosung Risikofaktoren sind, die die Resilienz schwächen.

DEFINITION: RESILIENZ VON LEBEWESEN

Resilienz ist zugleich eine Eigenschaft und Fähigkeit eines Individuums wie auch die Beschreibung des Bewältigungsprozesses, der jede schwierige Lebenssituation begleitet. Es beschreibt die psychische Widerstandsfähigkeit eines Lebewesens, mit der es trotz widriger Umstände sein Leben meistert.

RESILIENZ FÜR PFERDE-MENSCHEN

Das Alltagsleben und der Umgang mit Pferden sind voll von potenziellen Gefahren. Das Pferd ist von Natur aus

nicht für unsere moderne Welt geschaffen. Seine Überlebensprogramme als Fluchttier widersprechen oft dem, was in unserem Umfeld sinnvoll wäre. Weglaufen vor dem Wolfsrudel ist sicher eine gute Strategie, dagegen im Straßenverkehr eher eine schlechte Idee. Damit sich das Pferd in unserer Welt zurechtfindet, bilden wir es aus und gewöhnen es behutsam Schritt für Schritt an Umweltreize. Das wiederum ist umso einfacher, wenn das Pferd in seiner Persönlichkeit stabil ist.
Wir sollten als Bezugspersonen dazu wissen, was unsere eigene Resilienz und die des Pferdes stärkt, und was sie schwächt.
Resiliente Pferde können insgesamt besser mit Stress umgehen, sie erholen sich schneller, neigen weniger zu chronischen Erkrankungen und fügen sich vermehrt unkompliziert in neue Situationen ein. Umso wichtiger ist es, Resilienz als Gesamtkonzept im Blick zu behalten. Das beginnt schon mit der Genetik, mit der Auswahl von geeigneten Elterntieren, der Fohlenzeit und Jungpferdephase und setzt sich im gesamten Lebensumfeld des Pferdes von den Haltungsfragen über Fütterungsthemen bis hin zu Umgang und Ausbildung fort.
Natürlich kann man die großen Katastrophen und Unfälle im Leben nicht vollständig verhindern, da nicht alles in unserer Hand liegt. Je mehr man sich jedoch im Vorfeld Gedanken über mögliche Auswirkungen der eigenen Entscheidungen auf die Pferdepsyche macht, desto wahrscheinlicher ist es, dass unser Pferd auch die ein oder andere stressige Situation gut wegsteckt. Eine Schlüsselfähigkeit für jedes Pferd ist es, ein funktionierende Stressbewältigungssystem zu entwickeln. Je besser dieses System funktioniert, desto gesünder bleibt das Pferd.

Pferde mental stark zu machen, kann man ganz nebenbei trainieren, indem man ihren Alltag „bunt“ gestaltet und sie nicht von sämtlichen Außenreizen abschirmt.

DAS PFERDEGEHIRN

Das Pferdegehirn macht dem Pferd das Lernen, Denken, Erinnern, Fühlen sowie die unbewusste Reiz- und Informationsverarbeitung möglich. Dabei weist es im Vergleich zum Menschengehirn einige Besonderheiten auf, die es zu beachten gilt.

Reizverarbeitung

Die Reizwahrnehmung des Pferdes wird wie bei uns Menschen massiv gefiltert. Blitzschnell entscheidet das Pferdegehirn, was „wichtig“ und was „unbedeutend“ ist. Diese Einteilung deckt sich nicht unbedingt mit unserem menschlichen Erfahrungshorizont. Wir würden eventuell so manches Geräusch im Straßenverkehr als „gewöhnlich“ und damit „unbedeutend“ einstufen, während das Pferd es möglicherweise als „bedrohlich“ einstufen könnte. Zu den Filtermechanismen gesellen sich viele andere Steuerungsmechanismen des Gehirns, die dem Pferd dazu verhelfen, Reize zu verarbeiten.

Konzentration

Die Konzentrationsfähigkeit des Pferdes hängt entscheidend von der Motivation des Tieres ab. Ein Pferd wird sich immer dann besonders gut konzentrieren können, wenn es an etwas interessiert ist, die Beschäftigung mit einem Thema ihm irgendwelche Vorteile verschafft. Müdigkeit und Ablenkung beeinflussen dabei sehr stark die Konzentrationsfähigkeit. Ein gestresstes Pferd kann seine Aufmerksamkeit nicht auf eine Sache richten.

Die hochsensiblen Sinnesorgane des Pferdes sind über direkte Nervenverbindungen mit spezialisierten Bereichen im Pferdegehirn verknüpft. Hier findet die Reizverarbeitung und die daraus resultierende emotionale Gedächtnisleistung statt.

Positive Assoziationen, zum Beispiel an eine besonders enge Pferd-Mensch-Beziehung, bleiben sehr lange im Gedächtnis.

Arbeitsgedächtnis

Darüber hinaus dürfen wir nicht vergessen, dass das aktuelle „Denkfenster" des Pferdes, sein Arbeitsgedächtnis, nur eine recht kleine Kapazität aufweist. Lerninhalte müssen daher klar strukturiert und gut aufbereitet sein sowie häppchenweise dargeboten werden. Pferde merken sich Dinge besonders gut, wenn sie gleichzeitig passieren. Ihre Denkweise ist an die Struktur „was gehört räumlich oder zeitlich gesehen zusammen?" sehr gut angepasst.

Erinnerungen

Das Erinnerungsvermögen des Pferdes ist großartig ausgebildet. Dennoch kann es leicht zu „Fehlern" bzw. Schwächen in der Abrufbarkeit einmal gelernten Wissens kommen, wenn Erinnerungen oder gespeicherte Erfahrungen z. B. von negativen Gefühlen überlagert werden. Das kann dazu führen, dass Pferde bereits vorhandene Fähigkeiten in Angstsituationen eventuell nicht ausführen können.

GEFÜHLE BEEINFLUSSEN DAS DENKEN

Pferde denken anders und doch ähnlich wie wir Menschen. Das Gehirn ermöglicht es ihnen, die auf sie einprasselnden Sinneseindrücke aufzunehmen, Informationen zu verarbeiten und Erinnerungen abzuspeichern. Man nennt das Gehirn oft lapidar „Denkapparat", aber in erster Linie übernimmt es als Gefühlszentrale die Funktion, alle Aspekte des Lebens emotional zu erfahren. Der fühlende Teil des Gehirns ist viel älter als der denkende und beeinflusst diesen in seiner so vermeintlich rationalen Wahrnehmung ständig. So dringt ein Großteil der Sinneseindrücke aus der Umwelt gar nicht erst ins Bewusstsein, sondern wird für uns unbemerkt

im Unbewusstsein aufgenommen. Während die bewussten Denkprozesse einem dünnen Rinnsal gleichen, so stellt das fühlende Gehirn einen reißenden Strom dar. Entscheidungen werden aufgrund von Gefühlen getroffen und erst in zweiter Linie auf Basis von logischen Überlegungen. Niemand kann denken, ohne zu fühlen. Das unterscheidet uns Lebewesen von Computern und macht uns erst zu einzigartigen Persönlichkeiten.
Pferde sind dabei noch viel sensibler für die feinen Kräusel auf der emotionalen Oberfläche ihres Gegenübers. Mit ihnen kommunizieren zu wollen, heißt auch, in einen Gefühlsdialog einzutreten. Wir müssen dabei auf unsere eigenen Emotionen vertrauen und auch die Sensibilität des Pferdes berücksichtigen. Selbst für unsere diffusen Gefühlszustände, deren Namen wir nicht einmal kennen, haben sie ein unfehlbares Gespür.
Sie fühlen, ob etwas in der Luft liegt, noch bevor es tatsächlich geschieht, und lesen in den zarten körpersprachlichen Veränderungen ihres Menschen, wie es in seinem innersten Selbst emotional aussieht.

Das Pferdegehirn verändert sich permanent

Pferde lernen aus ihren Erfahrungen. Das Pferdegehirn speichert ständig Informationen über die Umgebung, die erlebten Ereignisse und die beteiligten Gefühle. Je nachdem, was beim Pferd als „positiv" abgespeichert wird und was als „negativ" im Gedächtnis bleibt, wird seine Reaktionen und sein zukünftiges Verhalten beeinflussen. Das Gehirn von Pferden ist ein typisches Säugetiergehirn. Es zeichnet sich unter anderem durch die Fähigkeit aus, lebenslang neue Verknüpfungen zu bilden.
Die einzelnen Nervenzellen stehen dabei über elektrische und chemische Prozesse miteinander in Kontakt und leiten Impulse weiter. Häufige Reize und Reaktionen bilden gewissermaßen Schnellstraßen durch das Gehirn. Bekanntes wird schnell wiedererkannt und die darauffolgende Verhaltensantwort kommt automatisch und direkt. Neue Erlebnisse werden mit bekannten Ereignissen und Erinnerungen abgeglichen. So entstehen neue synaptische Verbindungen.
In der Biologie nennt man diese Eigenschaft des Gehirns Neuroplastizität. Das Pferdegehirn verändert sich also im Laufe des Pferdelebens je nach Nutzungsart in seiner Funktion und sogar in seiner Anatomie. Das bedeutet für uns als Pferdemenschen, dass wir dem Pferd helfen können, vor allem nützliche, gewinnbringende Lebenserfahrungen zu sammeln. Positive Gefühle, Erfolgserlebnisse und die Befriedigung der Bedürfnisse führen so zu einem zufriedenen, deutlich weniger stressanfälligen und vitalen Pferd.

USE IT OR LOSE IT

Unter Neurobiologen gilt der Merksatz „Use it or lose it" im Sinne von „Nutze es oder verliere es". Das bedeutet, dass die Neuroplastizität des Gehirns unentwegt stattfindet, ob man will oder nicht.

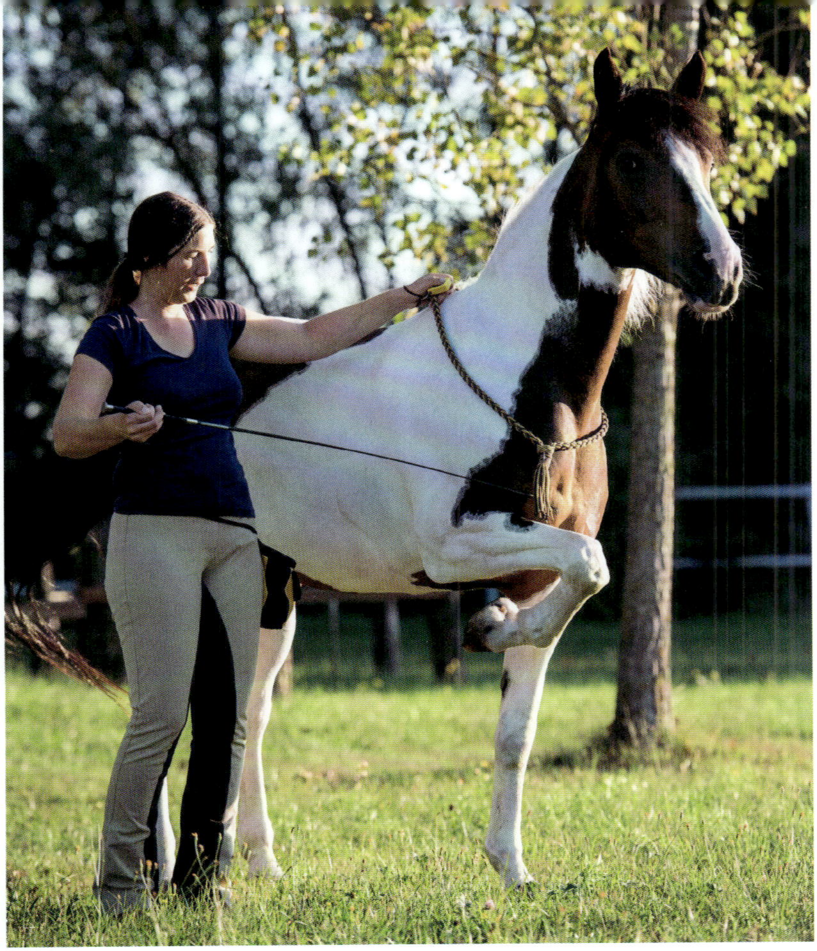

Neues lernen und dabei eine positive Lernatmosphäre erschaffen: So steigert sich nicht nur das Selbstbewusstsein des Pferdes, sondern auch seine Stresstoleranz.

Verantwortung übernehmen

Wir haben die Wahl. Entweder tun wir alles, was sich günstig auf die Zufriedenheit des Pferdes auswirkt und fördern so seine Stärken oder wir vernachlässigen es und verlieren seine emotionale Stabilität. Das Lebensglück und die Resilienz des Pferdes liegen in unserer Hand, da wir es sind, die sein gesamtes Umfeld beeinflussen. Wir sind es, die entscheiden, wo, mit welchen anderen Pferden und unter welchen Umständen unser Pferd lebt. Wir sind es, die Entscheidungen über Futter, Ausrüstung oder Umgang treffen. Wir sind es, die mit unseren mehr oder weniger vorhandenen Fähigkeiten beim Reiten das Wohlbefinden des Pferdes maßgeblich beeinflussen. Das Pferdegehirn braucht ähnlich wie die Muskulatur ständige Anreize, um zu gedeihen. Positive Empfindungen sind das Lebenselixier der Psyche. Je mehr angenehme Empfindungen erlebt werden, desto ruhiger, optimistischer und glücklicher ist das Pferd. Vor diesem Hintergrund ist es umso wichtiger, sich um jede vermeintliche Kleinigkeit im Lebensumfeld des Pferdes Gedanken zu machen. Alles hat Auswirkungen auf das Wohlbefinden und die Stressresilienz des Pferdes. Manches hat stärkere, direkte Auswirkungen, weil es heftige oder einschneidende

Erlebnisse sind, anderes wirkt sich eher langfristig durch permanente Wiederholung auf die Pferdepsyche aus. Einmalige Überforderung oder kurze Stressempfindungen werden ein psychisch stabiles Pferd nicht nachhaltig negativ beeinflussen, traumatische Erfahrungen oder chronische Überforderung dagegen schon.

STRESSREGULATION ÜBER DAS NERVENSYSTEM

Das Pferd ist von Natur aus ein hochsensibles Wesen, dessen Gesundheit und Wohlbefinden eng mit seinem Verdauungssystem verknüpft sind. Der Verdauungstrakt des Pferdes ist nicht nur ein Ort der Nährstoffaufnahme, sondern auch ein zentraler Schauplatz für die Regulation von Stress, Emotionen und Immunfunktionen. Eine Schlüsselrolle in diesem komplexen Zusammenspiel spielt der Vagusnerv, der wichtigste Nerv des parasympathischen Nervensystems, der als Brücke zwischen Gehirn und Darm fungiert.
Der Vagusnerv ist der längste und vielseitigste Nerv des Körpers. Er verläuft vom Gehirnstamm durch den gesamten Körper und innerviert unter anderem das Herz, die Lunge und den Verdauungstrakt. Als Hauptakteur des parasympathischen Nervensystems ist der Vagusnerv dafür verantwortlich, den Körper in einen Zustand der Ruhe und Regeneration zu versetzen – ein Prozess, der oft als „Rest-and-Digest"-Modus bezeichnet wird. Beim Pferd spielt der Vagusnerv eine zentrale Rolle bei der Regulation der Verdauung, der Stressreaktion und der emotionalen Balance.
Eine gut funktionierende Vagusnerv-Aktivität fördert die Verdauung, indem sie die Produktion von Verdauungsenzymen und die Darmmotilität anregt. Gleichzeitig sendet der Vagusnerv Signale vom Darm zurück an das Gehirn – ein Phänomen, das als „Darm-Hirn-Achse" bekannt ist. Diese bidirektionale Kommunikation beeinflusst nicht nur die körperliche Gesundheit, sondern auch die psychische Widerstandsfähigkeit, also die Resilienz des Pferdes.

DAS VERDAUUNGSSYSTEM

Das Verdauungssystem des Pferdes ist ein hochkomplexes und empfindliches System, das auf eine artgerechte Ernährung angewiesen ist. Als Steppentier ist das Pferd darauf ausgelegt, über den Tag verteilt kleine Mengen an rohfaserreichem Futter aufzunehmen. Der Magen des Pferdes ist relativ klein und produziert kontinuierlich Magensäure, auch wenn kein Futter vorhanden ist. Eine unzureichende Futteraufnahme oder eine falsche Fütterung kann daher schnell zu Magengeschwüren oder anderen Verdauungsproblemen führen.
Der Dickdarm des Pferdes beherbergt zudem eine vielfältige Mikrobiota, die für die Verdauung von Rohfasern und die Produktion von essenziellen Nährstoffen wie Vitaminen und kurzkettigen Fettsäuren verantwortlich ist. Eine gesunde Darmflora ist nicht nur für die Verdauung wichtig, sondern auch für die Regulation des Immunsystems und die Produktion von Neurotransmittern wie Serotonin, die das Wohlbefinden des Pferdes beeinflussen.

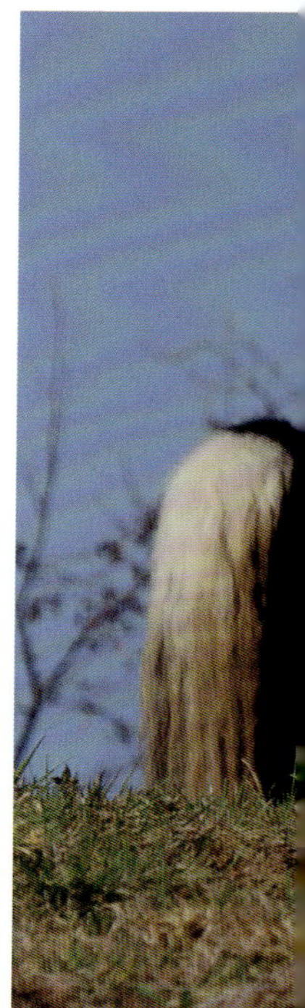

Der Einfluss von Futter und Nährstoffen

Die Ernährung spielt eine zentrale Rolle für die Gesundheit des Verdauungssystems und die Aktivität des Vagusnervs – und damit auch für die Resilienz des Pferdes. Eine artgerechte Fütterung kann die Vagusnerv-Aktivität fördern, die Darmgesundheit unterstützen und das Pferd widerstandsfähiger gegen Stress machen. Doch welche Nährstoffe und Fütterungsstrategien sind besonders wichtig?

Rohfaser: Die Grundlage der Pferdeernährung

Rohfaser ist der wichtigste Bestandteil der Pferdeernährung und essenziell für eine gesunde Verdauung. Sie fördert die Kauaktivität, regt die Speichelproduktion an und unterstützt die Darmmotilität. Eine rohfaserreiche Ernährung, basierend auf Heu und Weidegras, ist daher unerlässlich für die Gesundheit des Verdauungssystems und die Aktivität des Vagusnervs.

Prä- und Probiotika: Unterstützung der Darmflora

Präbiotika (z. B. in Form von Pektinen oder Inulin) und Probiotika (lebende Mikroorganismen) können die Darmflora des Pferdes unterstützen und die Produktion von kurzkettigen Fettsäuren fördern. Diese Fettsäuren wirken entzündungshemmend und können die Darm-Hirn-Achse positiv beeinflussen.

Überständiges Gras und eine Auswahl unterschiedlicher Süß- und Sauergräser fördert die Darmgesundheit des Pferdes und stabilisiert damit seine Stressregulation.

Omega-3-Fettsäuren: Entzündungshemmung und Stressreduktion

Omega-3-Fettsäuren, die in Leinsamen oder Fischöl enthalten sind, wirken entzündungshemmend und können die Stressresistenz des Pferdes verbessern. Wissenschaftliche Studien zeigen, dass Omega-3-Fettsäuren die Aktivität des Vagusnervs fördern und die Produktion von Stresshormonen reduzieren können.

Magnesium: Beruhigung und Muskelentspannung

Magnesium ist ein wichtiger Mineralstoff, der die Funktion des Nervensystems unterstützt und die Muskelentspannung fördert. Ein Mangel an Magnesium kann zu Nervosität und Stressanfälligkeit führen, während eine ausreichende Versorgung die Resilienz des Pferdes stärken kann.

Antioxidantien: Schutz vor oxidativem Stress

Antioxidantien wie Vitamin E, Vitamin C und Selen schützen die Zellen vor oxidativem Stress, der durch intensive Belastung oder Umweltfaktoren entstehen kann. Eine ausreichende Versorgung mit Antioxidantien kann die Gesundheit des Verdauungssystems und die Widerstandsfähigkeit des Pferdes fördern.

Grasen als Teil des Sozialverhaltens

Grasende Pferde erscheinen selbst vielen Pferdemenschen als langweilig. Da passiert ja nichts, die fressen einfach nur – so der Gedanke. Dabei dient das Grasen nicht nur der Nahrungsaufnahme, sondern ist Teil des spannenden Sozialverhaltens und damit ein wichtiger Baustein der pferdetypischen Kommunikation. Ähnlich wie sich auch beim Menschen die Familienbande bei einem gemütlichen Abendessen vertiefen oder Geschäftsbeziehungen gerne bei einem Essen geknüpft werden, spielt sich bei Pferden der größte Teil ihres sozialen Lebens im Kontext der gemeinsamen Nahrungsaufnahme ab. Sie grasen nicht einfach zufällig irgendwo und suchen nicht nur die Futterpflanzen ganz individuell aus, sondern auch die genaue Fressposition in Bezug auf andere Herdenmitglieder.

DARMGESUNDHEIT

Indem wir die Bedürfnisse des Verdauungssystems unseres Pferdes verstehen und respektieren, können wir dazu beitragen, dass es nicht nur körperlich, sondern auch psychisch gesund und ausgeglichen bleibt. Ein Pferd mit einem gesunden Darm und einem aktiven Vagusnerv ist nicht nur widerstandsfähiger – es ist auch ein zufriedener und gelassener Partner.

Pferde bilden beim Grasen unterschiedliche Formationen und richten häufig ihre Köpfe in dieselbe Wanderungsrichtung aus.

Formationen bilden

Beobachtet man eine grasende Pferdeherde, so wird man immer wieder diesen Aspekt des Herdenverhaltens sehen können. Pferde stehen beim Grasen nicht einfach kreuz und quer, sondern es ergibt sich häufig ein Muster und eine gemeinsame Wanderrichtung. Langsam schreiten alle Herdenmitglieder – Minischrittchen für Minischrittchen – wie heimlich verabredet in die gleiche Himmelsrichtung. Dabei bewegen sie sich zumeist gestaffelt nebeneinander oder hintereinander fort und oft nur, wenn sie schneller unterwegs sind und gerade nicht fressen, im Gänsemarsch hintereinander. Die geduldete Individualdistanz zueinander ergibt sich aus dem sozialen Beziehungsstatus der Tiere. Befreundete Pferde grasen eher in der Nähe oder zum Teil sogar mit direktem Körperkontakt zu ihren Freunden, während zu anderen immer ein gewisser Abstand eingehalten wird.

Der Haflinger im Hintergrund versucht hier mit seiner ausgeprägten Drohmimik mit angelegten Ohren das unerwünschte Herdenmitglied von sich fernzuhalten.

Gut, einen Scout zu haben

Fühlen sich Pferde in ihrer Umgebung sicher, so lockert sich die geschlossene Formation und die Abstände werden größer. Dies ist vor allem möglich, wenn ein bestimmtes Pferd, wie auf der Seite 21 im Foto die Haflingerstute Dinah, die Rolle des „Aufpassers“ und Erkundungspostens, des sogenannten Scouts übernimmt. Pferdische Scouts haben ihre „Antennen“ stets auf Empfang gestellt und besetzen so wichtige Schlüsselpositionen in einer Pferdeherde. Diese Charaktertypen haben ihre Umgebung immer etwas genauer im Blick als die anderen und alle Herdenmitglieder achten sehr genau auf die mögliche Alarmbereitschaft ihres Scouts.

SELEKTION UND ZUCHT RESILIENTER PFERDE

Die Pferdezucht hat sich im Laufe der Jahrhunderte verändert. Einst wurden Pferde vor allem nach ihrer Funktionalität und ihrem Charakter selektiert – sei es als Arbeits- oder Kriegspferd oder als zuverlässiger Begleiter. Heute stehen oft ästhetische Merkmale und spezifische Leistungsfähigkeit im Vordergrund.

Doch diese Entwicklung hat ihren Preis: Viele moderne Pferderassen leiden unter gesundheitlichen Problemen, psychischen Instabilitäten und einer verminderten Resilienz, also der Fähigkeit, mit Stress und Herausforderungen umzugehen. Wie konnte es dazu kommen? Und wie können wir in der Zucht wieder vermehrt auf Resilienz setzen, um gesunde, widerstandsfähige und ausgeglichene Pferde zu fördern?

Resilienz, verstanden als die Fähigkeit, Belastungen zu bewältigen und sich von Rückschlägen zu erholen, ist ein komplexes Merkmal, das sowohl genetische als auch umweltbedingte Ursachen hat. In der Natur sind resiliente Pferde diejenigen, die in der Lage sind, mit widrigen Bedingungen wie Nahrungsknappheit, extremen Wetterverhältnissen oder sozialen Konflikten umzugehen. Sie sind anpassungsfähig, stressresistent und besitzen eine hohe psychische und physische Widerstandskraft. Doch in der modernen Pferdezucht wird Resilienz oft zugunsten von äußerlichen Merkmalen oder spezifischen Leistungsanforderungen vernachlässigt. Ein Beispiel hierfür ist die Zucht von Warmblütern im Sportpferdebereich. Hier liegt der Fokus oft auf Merkmalen wie Bewegungsmechanik, Springvermögen oder Galoppierfähigkeit – alles Eigenschaften, die für den Spitzensport wichtig sind. Doch gleichzeitig werden andere Aspekte wie Robustheit, Nervenstärke oder

Einzelne Pferde sind besonders sensibel, was Außenreize und mögliche Bedrohungen angeht. Sie werden als Scout oder Erkundungsposten bezeichnet.

Gesundheit bei der Auswahl der Elterntiere oft vernachlässigt. Das Ergebnis sind Pferde, die zwar athletisch sind, aber häufig anfällig für Stress, Verhaltensauffälligkeiten oder gesundheitliche Probleme wie Gelenkerkrankungen oder Magengeschwüre sind. Ähnliche Probleme zeigen sich auch in anderen Rassen, etwa bei Vollblütern, die oft auf Schnelligkeit gezüchtet werden, dabei aber eine erhöhte Anfälligkeit für Knochenbrüche und psychische Instabilitäten aufweisen.

Die aktuellen Probleme der Pferdezucht

Die moderne Pferdezucht steht vor einer Reihe von Herausforderungen, die die Resilienz von Pferden beeinträchtigen können. Dazu gehören:

Leistungsmerkmale

Die Überbetonung von Leistungsmerkmalen: In vielen Sportpferderassen wird der Fokus auf spezifische Leistungsmerkmale gelegt, oft auf Kosten von Gesundheit und Charakter. Pferde, die für den Spitzensport gezüchtet werden, sind oft hochsensibel und reaktiv – Eigenschaften, die im Wettkampf von Vorteil sein können, aber im Alltag zu Stress und Überforderung führen können.

Inzucht und genetische Verarmung

Viele Pferderassen haben einen begrenzten Genpool, was zu Inzucht und einer erhöhten Anfälligkeit für Erbkrankheiten führt. Ein Beispiel ist das Quarter Horse, bei dem die genetische Veranlagung für HYPP (Hyperkaliämische periodische Paralyse) weit verbreitet ist. Solche genetischen Defekte schwächen die Resilienz der betroffenen Pferde erheblich.

Robustheit und Gesundheit

In einigen Rassen wird Robustheit zugunsten von Ästhetik oder Spezialisierung vernachlässigt. Ein Beispiel sind Irish Cobs, die oft auf ihr ihren Behang und spezielle Fellfarben gezüchtet werden, dabei aber anfällig für Stoffwechselerkrankungen wie Equines Metabolisches Syndrom (EMS) sind.

Fehlende Selektion auf Charakter und Nervenstärke

Resilienz ist eng mit dem Charakter und der psychischen Stabilität eines Pferdes verbunden. Doch in der Zucht werden diese Merkmale oft nicht ausreichend berücksichtigt. Das Ergebnis sind Pferde, die zwar talentiert, aber schwer zu handhaben sind.

Wie werden resilientere Pferde gezüchtet?

Um die Resilienz von Pferden in der Zucht zu fördern, müssen wir unsere Prioritäten überdenken. Resilienz ist ein komplexes Merkmal, das nicht einfach durch Selektion auf ein einzelnes Gen oder Merkmal erreicht werden kann. Stattdessen müssen wir ganzheitlich denken und sowohl genetische als auch umweltbedingte Faktoren berücksichtigen. Hier sind einige Ansätze:

1

Selektion

Gesundheit und Langlebigkeit sind essenziell. Anstatt nur auf Leistung oder Ästhetik zu achten, sollten wir vermehrt auf Gesundheit und Langlebigkeit selektieren. Das bedeutet, Pferde mit bekannten Erbkrankheiten oder gesundheitlichen Problemen von der Zucht auszuschließen.

Charakter und Nervenstärke

Resilienz ist eng mit dem Charakter eines Pferdes verbunden. Pferde mit einem ausgeglichenen, nervenstarken Temperament sollten bevorzugt werden.

Erhaltung der genetischen Vielfalt

Um Inzucht und genetische Verarmung zu vermeiden, sollten wir den Genpool unserer Pferderassen erweitern. Das kann durch die Einführung von Fremdblut oder die Förderung seltener Blutlinien geschehen.

Robustheit und Anpassungsfähigkeit

Pferde, die unter natürlichen Bedingungen aufwachsen und lernen, mit Herausforderungen umzugehen, sind oft resilienter. Eine artgerechte Aufzucht mit ausreichend Bewegung, sozialen Kontakten und mentaler Stimulation ist daher unerlässlich.

Wissenschaftliche Forschung und Zuchtprogramme

Um Resilienz gezielt zu fördern, brauchen wir mehr wissenschaftliche Forschung und gezielte Zuchtprogramme, die auf ganzheitliche Merkmale wie Gesundheit, Charakter und Leistungsfähigkeit abzielen.

PRIORITÄTEN

Die Zucht von resilienten Pferden ist eine Herausforderung, die uns dazu auffordert, unsere Prioritäten zu überdenken. Resilienz ist kein Luxus, sondern eine Notwendigkeit – für das Wohlbefinden der Pferde, für ihre Gesundheit und für die Qualität unserer Partnerschaft mit ihnen. Indem wir in der Zucht vermehrt auf ganzheitliche Merkmale wie Gesundheit, Charakter und Anpassungsfähigkeit achten, können wir Pferde bekommen, die nicht nur leistungsfähig, sondern auch widerstandsfähig und ausgeglichen sind.

1 Die moderne Warmblutzucht ist auf ein großes Bewegungspotenzial und viel Ausdauer und Schnelligkeit ausgerichtet, weniger auf Stressresilienz.

2 Die Islandpferdezucht hat sich in den letzten Jahrzehnten ebenfalls gewandelt. Neben sehr robusten, stabilen Pferden gibt es immer mehr hochsensible, wenig stressresistente Tiere.

2

KAHUNA: BESCHÜTZER DER SCHÖPFUNG

Die Frage ist nicht: „Wie können wir das Pferd verändern, damit es etwas für uns tut", sondern „Was können wir für das Pferd tun, damit es sein bestmögliches Pferdeleben erlebt?"

TRADITION

Wir tragen das Pferdeglück sinnbildlich gesprochen in unseren Händen, wir sind so gesehen die Hüter dieses fragilen Gutes. Während im deutschen Sprachgebrauch der Begriff „Tierhüter" ja eher rechtlich gesehen in Bezug auf Pflichten und Aufgaben eines Menschen verwendet wird, gibt es auf Hawaii eine wunderbare, darüber hinausgehende Tradition.

BESCHÜTZER

Der hawaiianischer Begriff Kahuna beschreibt einen Beschützer der Schöpfung. Wenn ich also zu einem solchen Kahuna werde, dann werde ich gewissermaßen zu einem mächtigen Unterstützer und Hüter der Pferde in ihrem ureigenen Wesen.

NEUGIER

Wir können das Pferdeleben nur erfassen, wenn wir uns darauf einlassen und mit Neugier erfahren wollen, wie ein Pferdeleben so aussehen kann. Pferde haben unendlich viele Bedürfnisse. Einige wie das Bedürfnis nach Nahrung oder Ruhe sind naheliegend, andere wie das Bedürfnis nach Schatten an einem sonnigen, heißen Sommertag, hat man vielleicht gar nicht permanent auf dem Schirm.

FÜRSORGE

In der Rolle des Kahuna, des Tierhüters, widme ich mich also all dem, was im Sinne des Pferdes getan werden sollte, um sein Leben so angenehm wie möglich zu machen, und seine Stress-Verarbeitungsmöglichkeiten zu stärken. Eine gewissenhafte Betreuung des Pferdes erfordert die in dieser Lebensphilosophie des Kahuna zugrunde liegende Fürsorge für ein eigenständiges Lebewesen.

1

2

1 Ich sehe mich als Verantwortliche für das Lebensglück meiner Pferde.

2 Ein Kahuna sieht das Pferd als das, was es ist: Eine wunderbare Seele mit Vorlieben und Bedürfnissen, die es zu entdecken gilt.

RESILIENZ AKTIV STÄRKEN

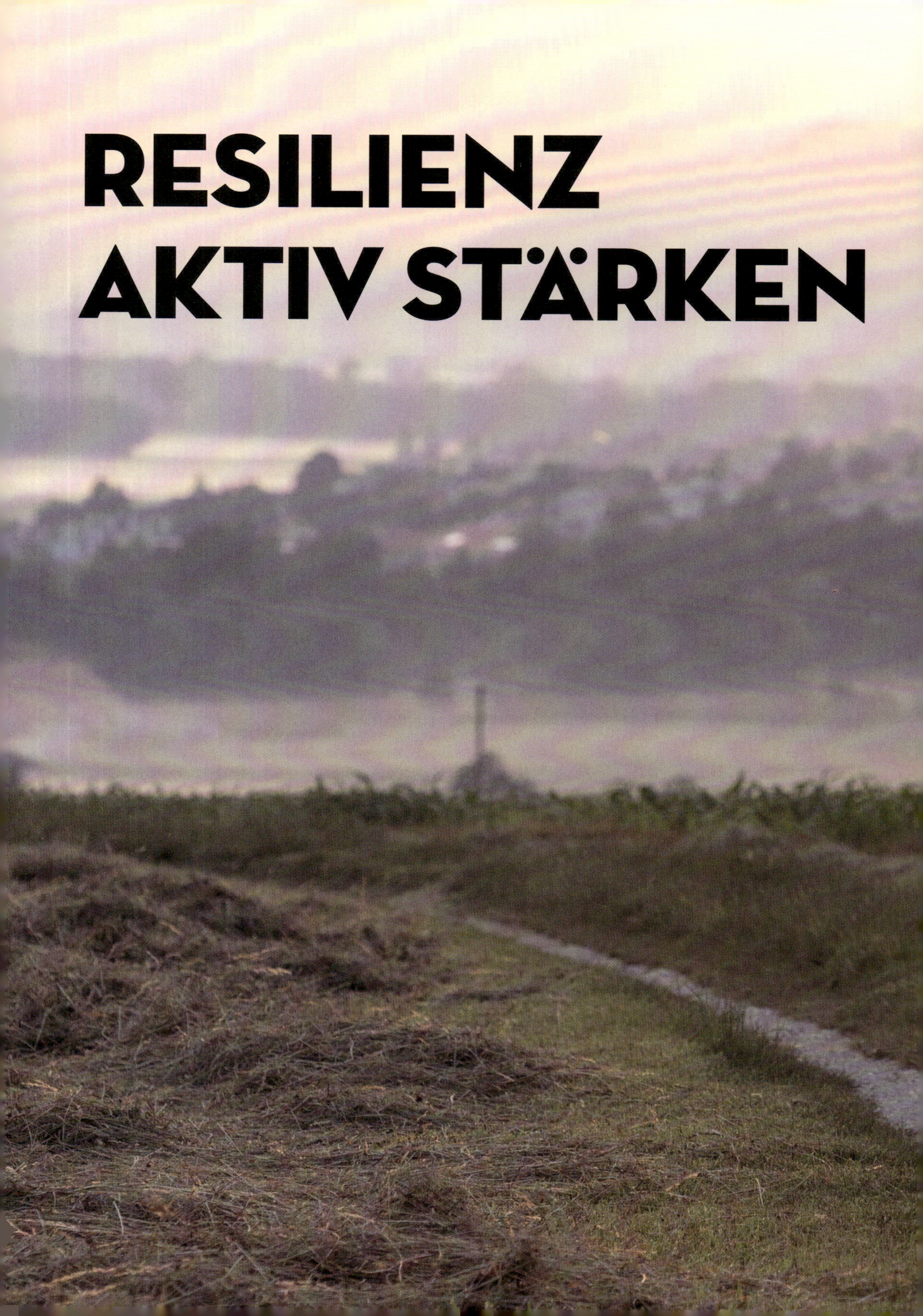

PARTNER FÜRS LEBEN
Wir wünschen uns unser Pferd als starken Partner in sämtlichen Lebenslagen. Damit das funktioniert, ist nicht nur gezieltes Training entscheidend, sondern ein Blick auf alle Lebensbereiche.

10 Care Factors

Resilienzfaktoren fürs Wohlbefinden

Im zweiten Teil des Buches geht es um die praktische Anwendung des theoretischen Wissens rund um die Resilienzforschung beim Pferd. Die zehn Care Factors stellen verschiedene Aspekte der Förderung des Wohlbefindens beim Pferd dar.

Care Factor Nr. 1

GESUNDE PFERDEHALTUNG FÜR VITALE PFERDE

Die beste Haltungsform für glückliche Pferde orientiert sich stets an der natürlichen Lebensweise ihrer wilden Vorfahren, also eine Gruppenhaltung auf möglichst großem Terrain. Je weiter man sich von dem von der Natur für das Pferd bestimmten Lebensraum entfernt, desto wahrscheinlicher werden neben stressbedingten gesundheitlichen Einschränkungen auch Depressionen, Stereotypien oder Verhaltensstörungen.

Bei Störung des Wohlbefindens des Pferdes sollte primär die Haltungsform genau bewertet und entsprechend verbessert werden. In der Wissenschaft wird diese Bereicherung eines künstlich für die Tierhaltung geschaffenen Lebensraums Enrichment-

Ein Paddock soll ein Lebensraum sein und kann mit einfachen Mitteln wie durch die Gabe von unterschiedlichen Zweigen immer wieder neu attraktiv gestaltet werden.

Maßnahmen genannt. Solche Maßnahmen wären etwa die Vergrößerung und Ausgestaltung des Paddock- oder Weidebereiches, zum Beispiel durch das Aufschütten von Sandhügeln als Ausblick, das Aufstellen von Baumstämmen als Kratzgelegenheit oder die Orientierung an Offenstallsystemen wie etwa das Paddock-Paradies oder die Aktivstall-Idee.

Veränderungen im Pferdeleben

Es ist oft schon schwierig genug, einen geeigneten Lebensplatz für das eigene Pferd zu finden. Eine Haltungsform, in der es gut zurechtkommt, Freunde finden kann, möglichst wenig Stress erlebt und sich wohlfühlt.
Da stellen sich Fragen wie: Welche Offenstallform ist für mein Pferd geeignet? Passen 24 Stunden loses Heu zu meinem eher molligen Haflinger? Verträgt mein Liebling unbegrenzten Weidegang? Ist meine Mary als einzige Stute in einer Wallachherde gut aufgehoben?
Die Liste der möglichen Fragen ist schier unendlich. In manchen Punkten wird jeder vermutlich den einen oder anderen Kompromiss eingehen müssen, da selten wirklich alles passt. Man wird sich auf die eigenen Prioritäten konzentrieren müssen. Vielen ist aber gar nicht bewusst, dass sich die Bedürfnisse und Ansprüche im Verlauf des Lebens durchaus drastisch ändern können. Wenn das Pferd alt wird, kann es passieren, dass es sich in seinem bisherigen Leben nicht mehr uneingeschränkt wohlfühlt.
Sei es, weil es inzwischen langsamer frisst und dadurch nicht genügend Raufutter abbekommt. In diesem Falle müsste man Lösungsmodelle finden, entweder indem die Ration für

1

1 Das Grasen auf der Weide hat viele Vorteile. Das natürliche Bedürfnis, mit gesenktem Kopf wandernd Nahrung zu sich zu nehmen, wird erfüllt. Ein Nachteil kann für leichtfuttrige Pferdetypen der in unseren Breiten hohe Energiegehalt der Gräser sein.

2

2 Auch die Kräutervielfalt auf der Weide entscheidet darüber, ob der Bedarf des Pferdes gedeckt werden kann.

3 Es ist günstig, das Heu immer mal wieder abzuwiegen und die Zeit zu messen, die das Pferd braucht, um diese Menge zu vertilgen. So kann man berechnen, wie viel Futter es benötigt, damit keine großen Fresspausen entstehen, aber auch, damit weder zu viel noch zu wenig Futter aufgenommen wird.

3

alle erhöht wird bzw. frei zugänglich ist. Oder dadurch, dass unser Pferd zeitweise allein oder mit einem ebenfalls bedürftigen Kumpel zusammen abgetrennt wird, um in Ruhe Futter zu sich zu nehmen.
Darüber hinaus wird es bei so manchem Pferd irgendwann nötig sein, das Heu teilweise oder komplett durch Heucobs zu ersetzen. Diese Mahlzeiten dürfen dem Pferd nicht von anderen, stärkeren Pferden streitig gemacht werden. Zudem sollte man mit der Zufütterung auf keinen Fall so lange warten, bis das Pferd schon deutlich abgebaut hat, sondern rechtzeitig unterstützend tätig werden.
Viele Besitzer älterer Pferde verlassen sich außerdem darauf, dass es ausreicht, hin und wieder einen Pferdezahnarzt zu bestellen. Behandelt dieser das Pferd, so kann für den ahnungslosen Besitzer „kein Kauproblem" vorliegen. Es ist allerdings gar nicht selten, dass ältere Pferde bedingt durch Kiefergelenk-Arthrosen aus Schmerzen nicht mehr kauen können und trotz einigermaßen guter Zähne auf Heucobs oder gar auf Schmerzmittel angewiesen sind.
Auch das Thema Eindecken wird oft pauschal einmal im Leben beim jüngeren Pferd mit „nein" beantwortet und nie wieder revidiert. Dabei ist auch das keine generell zu beantwortende Frage, sondern eine aus meiner Sicht individuell wiederkehrend zu stellende Frage. Bei fortschreitenden Arthrosen oder Rückenproblemen kann eine gut sitzende Decke bei Regenwetter eine Erleichterung bedeuten. Weiterhin kann es vielen Pferden, die Gewicht und Muskulatur abbauen, helfen, eine Decke zu tragen, um nicht unnötig viel Energie in ihren Wärmehaushalt zu stecken.

VERÄNDERUNGEN WAHRNEHMEN

Es bleibt eine Herausforderung, mit den vielfältigen möglichen Veränderungen im Pferdeleben Schritt zu halten. Daher ist es wichtig, sein eigenes Pferd und natürlich auch die anderen Herdenmitglieder gut im Blick zu haben, um durch geschicktes Management flexibel und zielgerichtet auf veränderte Bedürfnisse eingehen zu können. Nur durch unsere Aufmerksamkeit und Anpassungsbereitschaft entsteht eine gute Resilienz beim Pferd.

Die Integration von neuen Pferden in die bestehende Gruppe muss mit Bedacht erfolgen, damit durch Konflikte so wenig Verletzungen wie irgend möglich entstehen.

Care Factor Nr. 2

HARMONISCHE HERDEN-GESTALTUNG

„Die" eine typische Form der Pferdeherde gibt es wissenschaftlich gesehen auch in der freien Wildbahn nicht. Je nach Pferdetyp, Herkunftsgebiet, Umwelt, Alter, Lebenserfahrung, Beziehungsgeflecht usw. unterscheiden sich die möglichen Lebensstrukturen von Pferden immens. In der Natur wurden viele unterschiedliche Lebensformen entdeckt und von Wissenschaftlern beschrieben.

Von der „klassischen Herde", dem sogenannten Familienverband mit einem Hengst, einigen Stuten und deren Nachwuchs, über Hengste, die als Einzelgänger umherstreifen, Junggesellenherden aus unterschiedlich vielen männlichen Tieren bis hin zu einzelnen Paaren, bestehend aus einem Hengst und einer Stute, existieren alle denkbaren Gruppenstrukturen.

Jede Form des Zusammenlebens unterscheidet sich auch in ihrer inneren Organisation und Struktur. Zusammenfassend kann man eigentlich nur sagen, dass Pferde sich in der Natur tendenziell gerne zusammenschließen. Ihr komplexes Beziehungsgeflecht stützt sich auf Freundschaften, und jedes Tier füllt seine Position aufgrund seiner individuellen Stärken und Schwächen aus. Diese Beziehungen bilden das Fundament für Sicherheit und psychische Ausgeglichenheit.

Es gibt Pferde, die sich aufgrund ihrer Lebenserfahrung, Sozialisation etc. eher in kleinen Gruppen von unter fünf Tieren wohlfühlen, andere blühen in mittleren Gruppen von bis zu zwölf Tieren auf, wieder andere kommen auch noch in sehr großen Gruppen zurecht.

Größere, von Menschen zusammengestellte Pferdegruppen bedeuten auch immer eine höhere Wahrscheinlichkeit von Fluktuationen und damit häufiger auftretendem Stress bei Neuintegrationen innerhalb der Gruppe. Die Pferde brauchen einige Monate oder bis zu einem Jahr Zeit, sich

gegenseitig gut kennenzulernen und ihre Rolle in der Gemeinschaft zu finden. Sehr große Pferdegruppen dagegen zeichnen sich neueren Studien zufolge durch eine andere Gruppenstruktur aus. Je größer die Pferdegruppe wird, desto weniger eng sind die Bindungen der einzelnen Tiere zueinander. Der Verband wird also gewissermaßen anonymer, was sowohl positive wie auch negative Aspekte haben kann. In Bezug auf das Wohlbefinden des Einzelnen ist es ungünstig, keine engen Freundschaften zu pflegen und das daraus entstehende Sicherheitsgefühl und Wohlbefinden nicht in dem nötigen Maße zu erleben. Ein Vorteil kann allerdings sein, dass die typischen Konflikte um die Positionen in der Gruppe nicht so heftig ausgetragen werden, wie in einem individualisierten Verband und daher weniger Verletzungen zu erwarten sind. Eine gute Herdenzusammenstellung für ein resilientes Pferdeleben orientiert sich also am einzelnen Individuum.

Pferde in menschlicher Obhut

Die Zusammensetzung der Herde muss harmonisch gestaltet werden. Jedes Pferd braucht einen oder mehrere frei wählbare Partner, die sich vom Wesen her ähneln oder die sich in ihren Charaktereigenschaften ergänzen. Diese engen Freundschaftsbindungen geben den einzelnen Pferd Sicherheit und das Gefühl von Kontinuität, auch wenn es zu Veränderungen in der Großherde kommt. Das starke unsichtbare Band der freundschaftlichen Beziehungen ist der wichtigste Resilienzfaktor für Pferde.

Die sozialen Bindungen sind sehr wichtig für das Wohlbefinden des einzelnen Pferdes und ein entscheidender Faktor für seine Resilienz.

Wenn ein Pferd einen schlechteren Allgemeinzustand aufweist, es unerklärlich immer mal wieder krank ist, oft abseits der Herde anzutreffen ist oder aber immer wieder mit unterschiedlichen anderen Pferden in Konflikt gerät, sollte beobachtet werden, ob es eventuell gemobbt wird.
Da es sehr viele Auslöser für solche Probleme gibt (von nicht zusammenpassenden Herdenmitgliedern oder zu wenig Raum bis zu wenig Futter), muss das Problem individuell betrachtet werden. Sicher kann es z. B. bei einer Gruppenzusammenführung oder bei Krankheit immer mal Phasen geben, in denen die Gruppe nicht ganz harmonisch erscheint. Diese Phasen sollten aber spätestens innerhalb einiger Monate überwunden sein. Hat ein Pferd dauerhaft Probleme in der Gruppe, wird es früher oder später an den Folgen von andauerndem Stress leiden und sollte daher in eine andere Gruppe integriert werden.

Folgen unpassender Herdenzusammenstellungen

Pferde sind von der Natur als Herdentiere vorgesehen. Sie profitieren vom Schutz der Gruppe und dem Wissen anderer Tiere. Pferde benötigen enge emotionale Verbindungen, um zu überleben und sich wohlzufühlen. Alleinsein ist in der Natur oft gleichbedeutend mit Schutzlosigkeit. Pferde, die allein umherstreifen, werden schneller Opfer von Raubtieren als Tiere, die in einer starken Gemeinschaft unterwegs sind. So macht das Alleinsein dem Pferd Angst, stresst es und belastet seine Psyche.

Zweckgemeinschaften und echte Paarbindungen

Viele Pferdebesitzer machen sich leider, sobald ihr Pferd in einem neuen Stall angekommen ist – und sich etwaige anfängliche Streitigkeiten unter den Tieren erst einmal gelegt haben, kaum noch Gedanken über die

3

1

2

1 Die „Herden“ bzw. Pferdegruppen in menschlicher Obhut sind etwas anderes als die gewachsene Geburtsfamilie in der Natur.

2 Findet jedes Pferd bei der Fütterung seinen Platz, ohne dass es immer wieder Unruhe gibt, so ist das ein Kennzeichen einer stabilen Gruppe.

3 Pferde, die sich gegenseitig intensiv kraulen, zeigen so ihre Zuneigung zueinander und festigen ihre Beziehung.

einzelnen Sozialpartner ihres Pferdes. Dabei ergeht es vielen Tieren so, dass sie zwar in einer Gruppe von anderen Pferden gehalten werden, aber unter diesen dennoch keine echten freundschaftlichen Beziehungen finden. Sie profitieren somit auch nicht von den Vorzügen eines Herdenverbandes. Neuankömmlinge werden zwar meist nach einiger Zeit von den anderen geduldet und nicht mehr mit eindeutig aggressiven Verhaltensweisen konfrontiert, aber einige Pferde werden von den anderen Gruppenmitgliedern

mehr oder weniger ignoriert oder bilden, wenn überhaupt, nur eine reine Zweckgemeinschaft.
Auch existieren in diesen „Zwangsgemeinschaften“ subtile Formen des Mobbings, da werden Durchgänge blockiert, der Zugang zum Futter durch die Gruppe verhindert oder die Außenseiter werden von sozialen Interaktionen ausgeschlossen. Dabei sind Pferde von Natur aus sehr soziale Wesen, welche für ihre geistige und körperliche Gesundheit und Resilienz einen funktionierenden Herdenverband und stabile Freundschaftsbeziehungen dringend benötigen.
Innige Freundschaften sind der Baustein einer jeden Pferdegemeinschaft, erst im Kontakt mit einem vertrauten Partner blühen Pferde so richtig auf. Sie brauchen zum Leben soziale Nahrung, wie etwa das Grooming, das gemeinsame Absichern ihrer Umgebung, Kumpel und Spielpartner.

Risiko: Häufige Stallwechsel

Durch ihr feinstes Gespür für kleine Veränderungen im Umfeld, ihre äußerst leistungsfähigen Sinnesorgane und ihre ausgeprägte Sensibilität, was eine emotionale Grundstimmung angeht, nehmen Pferde jede kleine Veränderung in ihrem gewohnten Lebensumfeld sofort wahr und reagieren direkt darauf. Veränderungen bedeuten Stress, da sich das Pferd auf ein neues Lebensumfeld zunächst einmal einstellen muss.
Auf viele der in der heutigen Lebensrealität auf die Pferde einwirkenden Stressoren sind die Vierbeiner von Natur aus nicht vorbereitet. So sind Pferd beispielsweise nicht dafür gemacht, schnelle kurzweilige Smalltalk-Beziehungen zu führen. Sie fühlen sich unwohl, wenn sie auf engem Raum mit vielen ihnen unbekannten anderen Pferden gehalten werden.
Es entspricht außerdem nicht der Natur des Pferdes, häufig aus einem Herdenverband herausgerissen und in eine andere Gruppe integriert zu werden. Jeder Stallwechsel besitzt ein

AUFGABE: BESUCH AUF DER WEIDE

Neben der Beschäftigung mit dem Pferd, der Pflege und Versorgung ist es ganz besonders wichtig, sein Tier im natürlichen Umfeld zu beobachten, sein Verhalten zu analysieren, um es wirklich kennenzulernen. Viele Reiter wissen zwar, wie ihr Pferd im Training auf diese oder jene Situation reagiert, welche Übungen ihm leicht oder schwerfallen, sie haben jedoch kaum eine Vorstellung davon, wie der ganz gewöhnliche Alltag des Pferdes ausfällt. Dem kann man sehr leicht auf die Spur kommen, wenn man sich die Zeit nimmt, das Pferd auf der Weide mit seinen Artgenossen zu beobachten. Dabei können folgende Aspekte interessant sein:

Mit wem ist mein Pferd befreundet?

Wie oft spielt es?

Wo sind seine Lieblingsruheplätze?

Zu welchen Uhrzeiten grast es?

Gibt es Dinge oder Situationen, die ihm unheimlich sind?

Schläft es im Liegen?

Läuft es viel umher oder ist es eher ruhig?

Je mehr man beobachtet, desto besser wird man sein Pferd einschätzen können. Ein schöner „Nebeneffekt" ist es, dass das Pferd sicher auch bemerkt, dass man einfach bei ihm ist und Zeit mit ihm verbringt. Die Bindung wird sich so automatisch vertiefen.

Langjährige Herdenmitglieder entwickeln oft enge Beziehungen. In Stresssituationen suchen sie bewusst Nähe zueinander. Diese Freundschaften wirken wie ein emotionaler Schutzschild und helfen, Ängste besser zu bewältigen.

Befreundete Pferde zeigen ihre Verbundenheit im Alltag auch dadurch, dass eines in der Nähe des Ruhenden wacht.

enormes Stresspotenzial – und das sowohl bei dem Pferd, welches umzieht, als auch bei jenen, die zurückbleiben oder denen, in deren Gruppe es integriert werden soll. Das eine erlebt den Stress des Wechsels direkt, es muss sich mit neuer Umgebung, neuen Menschen, anderem Futter, anderen Pferden auseinandersetzen. Es verliert auf einen Schlag sein gesamtes bisheriges Leben.
Die „verlassenen“ Pferde suchen ihr bisheriges Herdenmitglied. Sie erleben ebenso eine große Unruhe durch die Ungewissheit, ob es wohl wieder auftaucht oder ob es verschollen bleibt. Die neue Herde muss sich gezwungenermaßen mit dem Neuankömmling auseinandersetzen. Oft genug wird dieser zunächst als Störenfried oder Eindringling betrachtet und nicht generell freundlich als Gast empfangen.

Stallwechsel stressarm gestalten
Sicher lässt sich nicht jeder Umzug vermeiden, aber etwas mehr Sorgfalt

bei der Entscheidung, ob überhaupt eine Notwendigkeit zum Stallwechsel besteht, sollte man walten lassen. Beziehungen unter Pferden sind in der Natur sehr stabil, Freundschaften werden oft über Jahrzehnte gepflegt. Futter steht dem Pferd in freier Wildbahn entweder sowieso zur Verfügung, es kann sich frei bewegen und sich auf die Suche nach geeigneten Futterstellen begeben. In menschlicher Obhut führen die räumliche Enge und ein begrenztes Futterangebot oft zu sozialen Spannungen, welche besonders empfindliche Pferde nicht kompensieren können.

Sicher kann man nicht jedes erdenkliche Problemfeld frühzeitig erkennen oder umgehen, aber es ist äußerst wichtig, den Stress des eigenen Tieres wahrzunehmen und sich zu bemühen, im Sinne des Pferdes den Alltag der Tiere positiv zu beeinflussen.

Passt ein bestimmtes Pferd vom Wesen her nicht zu den übrigen? Ist der Liegebereich ausreichend für alle Pferde? Kann ein einziges Pferd den Zugang zum Heu zu stark kontrollieren? Je mehr wir versuchen, uns in unser Pferd und seine Wahrnehmungswelt einzufühlen, desto stressfreier und harmonischer können wir sein Leben gestalten. Gibt es alle lebenswichtigen Ressourcen im Überfluss, so wird auch der Stallwechsel so stressarm wie möglich vonstattengehen. Jedes Pferd, auch das neu integrierte, hat so die Möglichkeit, seinen Bedürfnissen nachzugehen und erlebt so Kontrolle über das eigene Leben. Selbstbestimmung und Wahlmöglichkeiten wiederum sind wichtige Faktoren, die das Wohlbefinden beeinflussen und dabei helfen, das mit einem Umzug verbundene Stresslevel deutlich zu senken. Ein Pferd, welches genug Platz zum Ausweichen hat, viele Futterstellen nutzen kann und nicht permanent getrieben wird, wird sich schneller mit der neuen Situation arrangieren und im neuen Stall leichter einleben.

Unterstützend kann es helfen, den Stallwechsel als Prozess zu betrachten und nicht unüberlegt zu schnell eine Vergesellschaftung zu forcieren. Um

INTEGRATION IN EINE NEUE GRUPPE

Phase 1 Vorsichtige Kontaktaufnahme

Das neue Pferd wird zunächst separat, aber sichtbar zur Herde gehalten. Die Tiere beschnuppern sich über den Zaun und beobachten sich gegenseitig. Diese Phase dauert einige Tage und reduziert den späteren Integrationsstress.

Phase 2 Rangordnungsklärung

Beim ersten Zusammentreffen testen die Pferde durch Körpersprache und kleine Drohgebärden die Hierarchie. Wichtig ist, diese natürlichen Rituale zuzulassen, solange kein ernsthafter Kampf entsteht. Meist regelt sich die Rangfolge innerhalb weniger Stunden oder einiger Tage.

Phase 3 Vollständige Integration

Nach der Positionsfindung akzeptiert die Herde das neue Mitglied. Gemeinsames Fressen, Fellpflege und Wachehalten zeigen die gelungene Eingliederung. Nun profitiert das Pferd vom Schutz und Sozialkontakt der Gruppe.

einschätzen zu können, wie welches Pferd auf die Ankunft im neuen Umfeld reagiert, bietet es sich an, die Tiere zunächst zu trennen und zu beobachten. Wer regt sich besonders auf? Wer sucht mit wem Kontakt? Wer scheint interessiert, wer ablehnend? So kann am einfachsten entschieden werden, ob man die Pferde nach und nach in einem mehrere Wochen dauernden Prozess aneinander gewöhnt und beispielsweise zunächst in Zweierteams zusammenstellt und nach und nach alle Herdenmitglieder einführt.

Eine andere Möglichkeit ist es, alle Tiere gleichzeitig zusammenzulassen. Dies ist vor allem auch abhängig von den räumlichen Möglichkeiten. Am wenigsten Stress bringt der Stallwechsel auf einer großen Weide mit sich. Dort haben die Pferde unbegrenzt Futter, sie können laufen, sich gegenseitig beobachten und bei Bedarf frühzeitig ausweichen. Je weniger Platz, Futterstellen und Ressourcen in allen Lebensbereichen, desto mehr Stress bedeutet der Stallwechsel und desto wahrscheinlicher sind Kämpfe und Verletzungen bei den Pferden. Daraus ergibt sich, dass ein Stallumzug in den Sommermonaten in aller Regel wesentlich günstiger ist als ein Wechsel zum Winter hin, wenn die Pferde vielerorts auf kleineren Paddocks gehalten und mit Heu gefüttert werden.

Nirgends ankommen können

Bis ein Pferd sich eingelebt hat und sich zu Hause fühlt, ist es ein längerer Prozess. Man rechnet im Schnitt mit mehreren Monaten und es kann vereinzelt sogar ein Jahr dauern, bis ein Pferd auch emotional angekommen ist und seinen Platz in der Herde gefunden hat. Umso trauriger ist es, dass es viele Pferde gibt, die immer wieder erneut umziehen müssen und dadurch letztlich nirgends mehr ankommen können. Es kann tatsächlich durch mehrfache Stallwechsel eine Bindungsstörung entstehen. Die vom permanenten Wechsel betroffenen Pferde gehen nach und nach gar keine engeren Beziehungen oder gar Freundschaften ein. Sie kapseln sich ab, werden im schlimmsten Falle sogar krank oder depressiv. Diese Probleme entstehen, weil die Pferde eben die wiederholte Erfahrung abspeichern, dass kein Aufenthalt irgendwo von Dauer ist. Ein solcher Zustand der „Heimatlosigkeit“ kann Einsamkeit und nach und nach einen Verlust der Lebensfreude und Stressresistenz erzeugen.

SICHERHEIT BIETEN

Wir sind es, die für die Lebensqualität des eigenen Pferdes verantwortlich sind. Ein stabiles, artgerechtes Zuhause gehört unbedingt dazu. Stallwechsel bergen hohe Risiken für die Pferdeseele und sollten daher wohlbedacht und so selten wie irgend möglich durchgeführt werden. Muss es einmal sein, dann gibt es dem Pferd viel Halt, wenn wir es in dieser Zeit aktiv begleiten. Einfach da sein, es liebevoll betrachten, berühren und führen, das gibt unserem Pferd im neuen Umfeld Sicherheit.

Gemeinsames Grasen ist ein Grundbedürfnis der Pferdeherde. Die Tiere synchronisieren ihr Verhalten und wandern gemeinsam über die Weidefläche.

Care Factor Nr. 3

GESUNDE PFERDEFÜTTERUNG

Ein stabiles Nervenkostüm ist für Pferde von entscheidender Bedeutung, um Stresssituationen gelassen zu meistern, sich auf Training und Arbeit zu konzentrieren und insgesamt ein ausgeglichenes und gesundes Leben zu führen. Die Ernährung spielt dabei eine zentrale Rolle, denn sie beeinflusst nicht nur die körperliche Gesundheit, sondern auch das psychische Wohlbefinden des Pferdes. Eine ausgewogene und bedarfsgerechte Fütterung kann dazu beitragen, das Nervensystem zu stärken, Stress abzubauen und das Pferd emotional stabiler zu machen.

Pflanzenfresser und Dauerfuttersucher

Pferde sind von Natur aus Pflanzenfresser, deren Verdauungssystem auf eine rohfaserreiche Ernährung ausgelegt ist. Die Basis jeder Pferdefütterung sollte daher hochwertiges Heu oder Weidegras sein, das den Bedarf an Rohfaser deckt und die Verdauung unterstützt.
Zusätzlich zum Grundfutter können je nach Bedarf Kraftfutter, Mineral-

In naturnaher Haltung wie hier in der Camargue besteht die Nahrung oft auch aus rohfaserreichen Pflanzen, zu sehen sind unterschiedliche Schilfarten.

futter und spezielle Ergänzungsmittel gefüttert werden. Wichtig ist, dass die Fütterung individuell auf das Pferd abgestimmt wird, da Faktoren wie Alter, Gewicht, Aktivitätslevel und Gesundheitszustand den Nährstoffbedarf beeinflussen.
Pferde sind von Natur aus Dauerfuttersucher – ein Fakt, der tief in ihrer Evolution und Biologie verwurzelt ist. Als Steppentiere haben sie sich über Millionen von Jahren an eine Lebensweise angepasst, die durch ständiges Grasen und die Aufnahme kleiner Mengen an Nahrung über den ganzen Tag verteilt geprägt ist. Diese natürliche Ernährungsweise hat nicht nur Auswirkungen auf ihr Verdauungssystem, sondern auch auf ihr Verhalten, ihre Gesundheit und ihr Wohlbefinden.
Der Magen eines Pferdes ist im Verhältnis zu seiner Körpergröße klein und kann nur begrenzte Mengen an Futter auf einmal aufnehmen. Der Darm hingegen ist lang und darauf ausgelegt, rohfaserreiche Nahrung langsam zu verdauen. Um den Verdauungstrakt kontinuierlich zu beschäftigen und eine optimale Nährstoffaufnahme zu gewährleisten, müssen Pferde regelmäßig fressen.
Pferde produzieren kontinuierlich Magensäure, unabhängig davon, ob sie fressen oder nicht. Wenn der Magen über längere Zeit leer bleibt, kann dies zu Übersäuerung und Magengeschwüren führen. Regelmäßiges Fressen hilft, die Magensäure zu neutralisieren und die Magenschleimhaut zu schützen.
Pferde haben einen hohen Energiebedarf, den sie aber durch rohfaserreiches Futter wie Gras oder Heu decken müssen. Daher müssen Pferde große Mengen davon aufnehmen, um ihren Bedarf zu decken. Dies geschieht am effizientesten durch kontinuierliches Fressen.
In freier Wildbahn verbringen Pferde 16 bis 18 Stunden am Tag mit Fressen. Dieses Verhalten dient nicht nur der Nahrungsaufnahme, sondern auch der Beschäftigung und der Stressbewältigung. Fressen ist ein natürlicher und beruhigender Vorgang, der das Wohlbefinden des Pferdes fördert.
In einer Herde fressen Pferde gemeinsam und synchronisieren ihr Verhalten. Dies stärkt die sozialen Bindungen und schafft ein Gefühl von Sicherheit und Gemeinschaft. Ein Pferd, das nicht ausreichend fressen kann, kann gestresst oder unruhig werden.

Artgerechte Fütterung für resiliente Pferde

Um die natürlichen Bedürfnisse des Pferdes als Dauerfresser zu erfüllen, sollte man folgende Grundsätze beachten:

Ausreichend Raufutter

Raufutter wie Heu oder Gras sollte die Basis der Pferdefütterung bilden. Ein Pferd muss mindestens 1,5 bis 2 % seines Körpergewichts an Raufutter pro Tag erhalten. Bei einem 600 kg schweren Pferd sind das etwa 9 bis 12 kg Heu täglich.

Fresspausen vermeiden

Lange Fresspausen von mehr als vier Stunden sollten vermieden werden. Wenn das Pferd nicht auf der Weide steht, kann man Heunetze oder Slow Feeder verwenden und Stroh oder Zweige füttern, um die Fresszeit zu verlängern.

Kraftfutter gezielt einsetzen

Kraftfutter sollte nur bei Bedarf gefüttert werden, z. B. bei sportlicher Belastung oder besonderen Anforderungen. Es sollte in kleinen Portionen und immer in Kombination mit Raufutter gegeben werden.

Beschäftigung und Bewegung

Neben der Fütterung ist auch ausreichend Bewegung und Beschäftigung wichtig. Pferde sollten täglich so viele Stunden wie irgend möglich auf der Weide oder im Auslauf verbringen, um ihr natürliches Verhalten auszuleben.

Zugang zu frischem Wasser

Pferde benötigen ständigen Zugang zu frischem Wasser, um ihre Verdauung und ihren Stoffwechsel zu unterstützen. Im Idealfall können mehrere Pferde gleichzeitig an der Tränke trinken, da sie auch hier gerne ihre sozialen Beziehungen stärken.

Auf großen Gestüten wie hier bei den Lipizzaner-Junghengsten in Piber leben Pferde unter idealen Bedingungen. Sie suchen ihr Futter mit gleichmäßiger ruhiger Bewegung und sie sind auf unebenem Gelände der Almen unterwegs.

Enrichment-Ideen für das Pferdeleben

Das Leben eines Pferdes besteht aus mehr als nur Futter, Wasser und Bewegung. Es ist ein komplexes Geflecht aus sozialen Interaktionen, mentaler Stimulation und körperlicher Aktivität. Doch in unserer modernen Pferdehaltung, die oft von Zeitmangel, begrenztem Platz und strukturierten Abläufen geprägt ist, bleibt die natürliche Neugier und der Spieltrieb unserer Pferde manchmal auf der Strecke. Dabei ist es so wichtig, das Pferdeleben durch gezieltes Enrichment – also durch vielfältige Erweiterung ihres Lebensraums – zu bereichern, um nicht nur die körperliche, sondern auch die geistige und emotionale Gesundheit unserer vierbeinigen Partner zu fördern.

Enrichment bedeutet, das Leben des Pferdes abwechslungsreicher, interessanter und artgerechter zu gestalten. Es geht darum, die Sinne des Pferdes auf vielfältige Art anzusprechen, seine natürlichen Verhaltensweisen zu fördern und ihm Möglichkeiten zu bieten, sich selbst zu beschäftigen und auszudrücken. Ein Pferd, das mental und körperlich gefordert wird, ist nicht nur zufriedener, sondern auch ausgeglichener und weniger anfällig für Stress oder Verhaltensauffälligkeiten.

Futter-Enrichment: Die Natur als Vorbild

In der Natur verbringen Pferde einen Großteil ihrer Zeit mit der Futtersuche. Sie bewegen sich langsam über weite Strecken, durchstöbern das Gelände nach Gräsern, Kräutern und Blättern und nehmen dabei eine Vielzahl von Geschmäckern und Texturen auf. In der Box oder auf der begrenzten Koppel fehlt diese Möglichkeit oft. Doch wir können das Futter-Enrichment nutzen, um das natürliche Suchverhalten zu fördern. Zum Beispiel durch Futterbälle, Heunetze oder Heusäcke, die das Pferd dazu anregen, sich sein Futter zu „erarbeiten".

Auch das Verstreuen von Heu oder Möhrenstücken auf der Koppel oder im Laub kann die Futtersuche spannender machen.

Eine weitere Idee ist das Anbieten von verschiedenen Kräutern, Zweigen oder Blättern, die das Pferd erkunden und probieren kann. So wird jede Mahlzeit zur Entdeckungsreise.

Bei einem Knabberspaziergang kann man dem Pferd unterwegs die Möglichkeit bieten, Pflanzen zu sich zu nehmen, die im heimischen Offenstall nicht zu finden sind. Hier im Bild die wertvolle Wilde Möhre.

Sensorisches Enrichment: Die Welt mit allen Sinnen erleben

Pferde nehmen ihre Umwelt durch ihre Sinne wahr – durch Sehen, Hören, Riechen, Schmecken und Fühlen. Sensorisches Enrichment zielt darauf ab, diese Sinne zu stimulieren und das Pferd neugierig zu machen. Zum Beispiel können wir verschiedene Untergründe schaffen, wie Sand, Holzspäne, Rindenmulch oder abgerundete Steine, über die das Pferd laufen kann. Auch das Anbieten von unterschiedlichen Gerüchen, etwa durch ätherische Öle oder getrocknete Kräuter, kann interessant sein. Einige

Äste, Zweige und Rinde für Pferde

Laubgehölze:
Birke, Pappel, Erle, Ulme, Hainbuche, Haselnuss

Obstgehölze:
Apfel, Birne, Kirsche, Pflaume

Nadelgehölze sind NICHT geeignet

Die Fütterung von Zweigen des Weißdorns kann sich positiv auf die Gesundheit der Tiere auswirken, da seine Inhaltsstoffe den Kreislauf und das Herz stärken.

Für mehr Bewegung kann auch durch eine spielerische Form der Freiarbeit gesorgt werden.

Pferde lieben es, an duftenden Kräuterbüscheln zu schnuppern oder sich an einer Bürste aus Naturborsten zu reiben. Auch das Hören kann angeregt werden, etwa durch das punktuelle Abspielen von ruhiger Musik im Stall oder das kurzzeitige Aufhängen von Windspielen auf der Koppel.

Kognitives Enrichment: Die Intelligenz fordern

Pferde sind intelligente Tiere, die gerne lernen und Probleme lösen. Kognitives Enrichment zielt darauf ab, das Pferd geistig herauszufordern und ihm Erfolgserlebnisse zu verschaffen. Das kann durch gezieltes Training

Auch der Lavendel gefällt vielen Pferden und wird zu bestimmten Jahreszeiten gerne gefressen.

geschehen, bei dem das Pferd neue Lektionen oder Tricks lernt. Aber auch spielerische Elemente wie das Erkunden eines Parcours mit verschiedenen Hindernissen, das Finden von Futter unter einem umgedrehten Eimer oder das Spielen mit Bällen und anderen Gegenständen, kann das Pferd mental fordern. Wichtig ist, dass die Aufgaben weder zu einfach noch zu schwierig sind – das Pferd soll gefordert, aber nicht überfordert werden.

VIELGESTALTIGES PFERDELEBEN

Enrichment ist keine einmalige Aktion, sondern eine Haltung, die wir in den Alltag integrieren können. Es geht darum, das Leben unseres Pferdes vielfältiger und interessanter zu gestalten – und dabei immer im Blick zu behalten, was das individuelle Pferd braucht und was ihm Freude bereitet. Denn ein „bereichertes" Pferd ist nicht nur gesünder und ausgeglichener, sondern auch ein echter Partner, der uns mit Neugier, Lebensfreude und Vertrauen begegnet. Und das ist letztlich das Schönste, was wir uns für unsere Pferde wünschen können.

Bewegungs-Enrichment: Spiel und Spaß im Freien

Bewegung ist ein Grundbedürfnis des Pferdes, doch nicht jedes Pferd hat die Möglichkeit, über weite Flächen zu galoppieren. Hier können wir kreativ werden und die Bewegung abwechslungsreicher gestalten. Zum Beispiel durch das Aufbauen eines Spielplatzes mit Stangen, Pylonen, Bällen oder sogar einem kleinen Wasserbecken. Auch das Longieren an der Doppellonge oder das Freilaufen in der Halle oder auf dem Platz kann eine willkommene Abwechslung sein. Einige Pferde lieben es auch, mit anderen Pferden zu spielen – sei es durch gemeinsames Toben auf der Koppel oder durch spielerische Interaktionen wie gegenseitiges Jagen oder Imponiergehabe.

Emotionales Enrichment: Die Beziehung stärken

Nicht zuletzt ist die Beziehung zum Menschen ein zentraler Aspekt des Pferdelebens. Emotionales Enrichment bedeutet, diese Beziehung zu pflegen und zu vertiefen. Das kann durch gemeinsame Zeit geschehen, in der wir einfach nur bei unserem Pferd sind, es striegeln oder mit ihm spazieren gehen. Auch das Loben und Belohnen, sei es durch Streicheleinheiten, Leckerlis oder eine freundliche Stimme, stärkt das Vertrauen und die Bindung. Ein Pferd, das sich geliebt und verstanden fühlt, ist ein zufriedenes Pferd. Echte Verbundenheit entsteht, wenn wir lernen, die Welt durch die Augen unseres Pferdes zu sehen – seine Ängste ernst nehmen, seine Freude teilen und ihm Sicherheit schenken.

Resilient durch Gemeinschaft

Pferde fühlen sich als Herdentiere in Gesellschaft ihrer vertrauten Gruppe am wohlsten. Gerade junge oder unsichere Pferde profitieren enorm, wenn sie von erfahrenen, gelassenen Pferden als Vorbild lernen können. So kommt Stress gar nicht erst auf und das Selbstvertrauen des einzelnen Pferdes wächst mit jedem Erfolgserlebnis.

Ausreiten ins Gelände

Ein solch zuverlässiges Pferd ist ein Garant für einen entspannten, sicheren Ausritt. Um das Pferd nach und nach ans Gelände und Herausforderungen im Straßenverkehr heranzuführen, ist es sinnvoll, passende Partnerinnen und Partner zu suchen und gemeinsam quasi nebenbei kleine Übungen für mehr Resilienz einfließen zu lassen.

1.
Gemeinsam werden die Pferde von der Weide geholt. Sie werden so mental auf den Ritt eingestimmt.

2.
Schon beim Putzen, Aufsatteln und Vorbereiten der Pferde entsteht eine ruhige und gelassene Atmosphäre. Das wirkt sich positiv auf die Pferdepsyche aus.

3.
Auch das Führen vor dem Ritt ist ein wertvoller Zeitabschnitt, der dabei hilft, sich auf das Pferd einzustellen, seine Stimmung zu erfassen und einen direkten Kontakt auf Augenhöhe herzustellen.

4.
Es hilft enorm, das Stresspotenzial zu reduzieren, wenn man immer wieder übt, von unterschiedlichen Aufstiegshilfen aufzusteigen. Ein befreundetes Pferd in der Nähe wirkt wie ein positiver Social Support.

5.
Eine gute Geländeübung ist das Reiten in einer Abteilung. Eine Pferdelänge Abstand soll dabei stets eingehalten werden.

6.
Die Pferde sollten nach und nach lernen, an jeder Position zu laufen. Damit es nicht in Stress ausartet, beginnt man in der für alle Beteiligten angenehmsten Reihenfolge. Man wechselt eventuell nur kurz die Position, um mit einem positiven Erlebnis wieder auf den gewohnten Lieblingsplatz zurückzukehren.

7.
Sich genügend Zeit zu nehmen, um mit dem Pferd in Kontakt zu treten und mit ihm zu kommunizieren ist wichtig, um das Vertrauen zwischen Reiter und Pferd zu festigen.

8.
Im Gelände kann man das Pferd mental stärken und mutig machen, indem man es kleine Herausforderungen meistern lässt. Ins Wasser hineinzureiten oder über einen kleinen Baumstamm zu treten, können Aufgaben sein. Es geht nicht um Höchstleistungen, sondern um das Gefühl der Freude und der Anerkennung.

Care Factor Nr. 4

SANFTE PFERDEAUSBILDUNG

Die Motivation, das Selbstbewusstsein und die Resilienz eines Pferdes sind eng miteinander verknüpfte Faktoren, die nicht nur das Wohlbefinden des Tieres beeinflussen, sondern auch die Qualität der Zusammenarbeit zwischen Pferd und Mensch.
Ein motiviertes Pferd, das sich selbstbewusst und resilient zeigt, ist nicht nur leistungsfähiger, sondern auch zufriedener und gesünder.
Motivation ist die treibende Kraft hinter jedem Verhalten. Beim Pferd äußert sich Motivation in der Bereitschaft, aktiv an der Zusammenarbeit mit dem Menschen teilzunehmen. Diese Bereitschaft kann durch verschiedene Faktoren beeinflusst werden, darunter physiologische Bedürfnisse, emotionale Zustände und die Qualität der Interaktion mit dem Menschen.

Training mit positiver Verstärkung

Ein Pferd, das regelmäßig positive Erfahrungen macht, wird motivierter sein, sich auf neue Herausforderungen einzulassen. Ein Beispiel hierfür ist die Arbeit mit positiver Verstärkung. Wenn ein Pferd für ein erwünschtes Verhalten belohnt wird, sei es durch Futter, Streicheleinheiten oder verbales Lob, entstehen positive Assoziationen. Diese Methode schafft nicht nur Freude am Training, sondern stärkt auch das Vertrauen des Pferdes in den

1

2

1 Über das Feedback des Menschen lernt das Pferd, sich mit einem neuen Gegenstand, hier einer Gymnastikmatte, auseinanderzusetzen.

Menschen. Ein Pferd, das beispielsweise lernt, dass es für das korrekte Ausführen einer Lektion belohnt wird, wird diese Handlung häufiger und mit mehr Enthusiasmus zeigen. Kleine, häufige Erfolgserlebnisse sind ebenfalls entscheidend für die Motivation. Ein gut strukturiertes Training, das in kleine, machbare Schritte unterteilt ist, ermöglicht es dem Pferd, kontinuierlich Erfolge zu erleben. So kann bereits ein angedeutetes Hinwenden zu einem vormals angsteinflößenden Objekt oder eine kleine Körperdrehung ein Erfolgserlebnis darstellen, das mit Lob und Belohnung verstärkt wird. Diese kleinen Teilerfolge motivieren das Pferd und stärken seine Bereitschaft, sich weiterhin aktiv zu beteiligen.

Stärkung des Selbstbewusstseins

Selbstbewusstsein beim Pferd manifestiert sich in der Zuversicht, neue Herausforderungen anzunehmen und sich in verschiedenen Situationen sicher zu fühlen. Ein selbstbewusstes Pferd ist weniger ängstlich und zeigt eine höhere Bereitschaft, sich auf neue Erfahrungen einzulassen.

Ein Beispiel ist die Arbeit mit klaren und konsistenten Signalen. Wenn das Pferd versteht, was von ihm erwartet wird, und diese Erwartungen konsequent erfüllt werden, stärkt dies sein Selbstvertrauen. Ein Pferd, das beispielsweise lernt, auf leichte Hilfen zu reagieren, wird sich sicherer fühlen und weniger zögern, neue Aufgaben anzunehmen.

2 Das gezielte Lob mit der direkt anschließenden Futtergabe hilft dem Pferd, die Matte als sicheren Platz zu erkennen.

3 Nach und nach wird es also immer mutiger und folgt dem Menschen vertrauensvoll in ungewohnten Situationen.

3

Arbeit mit dem Leitseil

Die Arbeit mit dem Leitseil ist eine wunderbare Möglichkeit, um eine vertrauensvolle Beziehung zum Pferd aufzubauen, seine Körperwahrnehmung zu verbessern und es feinfühlig an Hilfen zu gewöhnen. Dabei steht die Kommunikation zwischen Mensch und Pferd im Vordergrund, wobei sanfte Kommunikation und Respekt vor dem Partner Pferd die Grundlage bilden.

Signalgebung

Die Bodenarbeit mit dem Leitseil basiert auf klaren, aber sanften Signalen. Die Körpersprache des Menschen, seine Stimme und die Führung des Seils sind die wichtigsten Hilfen. Hat das Pferd einmal gelernt, den sanften Hilfen zu folgen, so wird es sich auch durch stressige Situationen hindurch leiten lassen und gewinnt mehr und mehr Vertrauen zum Menschen. Das Leitseil gibt dem Pferd Sicherheit.

1.

Beginne damit, dein Pferd an deiner Seite durch eine durch Pylonen markierte Figur zu führen, um zu sehen, wie es auf deine Bewegungen reagiert. Achte darauf, dass das Pferd entspannt mitgeht und nicht vorauseilt oder zurückbleibt.

2.

Als zweite Aufgabe konzentriere dich auf die Hand, die das Leitseil führt, und halte damit einen sanften Kontakt. Das Leitseil liegt dabei locker in deiner offenen Hand, damit du das Gewicht des Seils spürst und hineinfühlen kannst, wann der Moment des Minimalkontaktes eintritt.

3.
Um dem Pferd diesen Moment des Kontaktes zu verdeutlichen und eine Übungssituation zu schaffen, wähle eine Pylone aus. Dein Pferd soll um sie herumgehen und spüren, dass der Kontaktpunkt nicht der Zug am Seil ist, sondern aus dem Gewicht des herunterhängenden Hakens entsteht. Das Pferd spürt bereits die Richtung, in die du gehen möchtest, wenn du nur die minimalen Bewegungen des Hakens im Blick hast. Das Seil hängt dabei durch.

4.
Um zu üben, kannst du es nun um unterschiedliche Pylonen herumführen und sanft am Seil entlanggleiten, um den Kontakt zu spüren und das Pferd zu lenken.

5.
Nach einigen Wiederholungen und mit viel Lob versteht das Pferd schnell, dass es bei diesen Übungen nicht gezwungen wird, sondern es auf deine feinen Orientierungshilfen vertrauen kann.

Die eigene Begeisterung überträgt sich aufs Pferd und lässt auch schwierigere Tricks spielend leicht werden.

Ein weiteres Praxisbeispiel ist die schrittweise Einführung von Herausforderungen. Ein Pferd, das langsam an neue Situationen herangeführt wird, entwickelt ein stärkeres Selbstbewusstsein. So kann ein junges Pferd, das zunächst nur kurze Ausritte in bekannter Umgebung unternimmt, nach und nach an längere Ausflüge in unbekanntes Terrain gewöhnt werden. Diese schrittweise Steigerung der Anforderungen ermöglicht es dem Pferd, Erfolgserlebnisse zu sammeln und sein Selbstvertrauen zu stärken. Ein flexibler Trainingsansatz, der auf die individuellen Bedürfnisse und Fähigkeiten des Pferdes eingeht, fördert dessen Anpassungsfähigkeit und Resilienz. Dabei sollte das Training abwechslungsreich gestaltet werden, um das Pferd mental und körperlich zu fordern, ohne es zu überfordern. Ein Pferd, das beispielsweise abwechselnd vielseitig auf dem Platz trainiert wird, entspannte Geländeritte und spielerische Übungen absolviert, bleibt mental frisch und entwickelt eine höhere Stressresistenz.

Begeisterung

Die Begeisterung des Menschen überträgt sich auf das Pferd. Eine positive und freudige Trainingsatmosphäre motiviert das Pferd und stärkt sein Selbstbewusstsein. Ein Reiter, der mit Begeisterung und Freude trainiert, wird diese Emotionen auf sein Pferd übertragen und so eine motivierte und selbstbewusste Partnerschaft schaffen.

Futterlob

Futterbelohnungen spielen eine wichtige Rolle in der positiven Verstärkung. Sie sollten jedoch dosiert und gezielt eingesetzt werden, um Übermotivation und Unruhe zu vermeiden. Ein Pferd, das für das korrekte Ausführen einer Lektion ein Leckerli erhält, wird diese Handlung häufiger und mit mehr Enthusiasmus zeigen. Dabei ist es wichtig, die Belohnungen an die individuellen Vorlieben des Pferdes anzupassen und sie gezielt einzusetzen, um eine übermäßige Erregung zu vermeiden.

Trainingsschritte

Ein Training, das in kleine, machbare Schritte unterteilt ist, ermöglicht dem Pferd, häufige Erfolgserlebnisse zu haben. Diese kleinen Teilerfolge motivieren das Pferd und stärken sein Selbstbewusstsein. Ein Pferd, das beispielsweise lernt, eine komplexe Lektion in kleinen Schritten zu meistern, wird sich sicherer fühlen und mehr Freude am Training haben.

Belohnungsformen sinnvoll nutzen

Eine goldene Regel im positiven, motivierenden Pferdetraining besagt: „Erweitere deine Belohnungsmöglichkeiten. Wähle mindestens neun, besser mehr als zehn unterschiedliche Arten von Belohnungen aus, die aus mindestens drei, besser vier oder fünf Funktionskreisen stammen. Wer viele Belohnungsformen kennt, der wird sein Pferd optimal fördern können."

Doch wie kann man das in der Praxis umsetzen? Man könnte anfangen, unterschiedliche Futtersorten aufzulisten, die das eigene Pferd mehr oder weniger gerne mag oder die optimale Größe des einzelnen Leckerlis und die beste Darreichungsform, die Futterübergabe aus der Hand zu definieren.

Das ist ein sehr guter Anfang, der auf jeden Fall für jedes Pferd erneut durchgeführt werden sollte. Wer jedoch darüber hinaus weiterkommen möchte, der muss sich mit dem zweiten Teil der oben genannten goldenen Regel näher befassen, mit dem Teil, der von den unterschiedlichen Funktionskreisen handelt. Mit Funktionskreisen werden die verschiedenen lebenswichtigen Bereiche im Pferdeleben bezeichnet: Jedes Pferd braucht z. B. Nahrung, daher ist der Funktionsbereich Fressverhalten immens wichtig für das Individuum.

Jedoch gibt es auch viele, viele andere Lebensbereiche, die in manchen Situationen sogar eine größere Wichtigkeit für das Pferd haben. Ist ein Pferd beispielsweise erschöpft, so ist es nicht sonderlich motiviert, auf Nahrungssuche zu gehen, sondern wird Ruheverhalten zeigen. Weitere wichtige Funktionskreise sind das Sozialverhalten, das Komfortverhalten, das Sexualverhalten oder auch das Erkundungsverhalten.

Nun kann man also versuchen, aus möglichst vielen Bereichen Motivatoren zu finden, die das eigene Pferd besonders gerne mag, und diese genau zu beschreiben. Wo wird das Pferd besonders gerne gekrault und in welcher Intensität? Schon hätten wir einen wichtigen möglichen Verstärker aus den Bereichen soziale Fellpflege und Komfortverhalten.

Welche Spiele liebt es in welcher Geschwindigkeit? Spielt es lieber mit einem Partner, ob Mensch oder Pferd, oder durchaus allein oder mit einem Gegenstand? Welches sind seine Lieblingsübungen?

Wer eine Vorstellung davon hat, was sein Pferd generell liebt, der kann dazu übergehen herauszufinden, in welcher Situation welche Form der Beschäftigung bevorzugt wird. Was ist davon im Training besonders gut einsetzbar? Wozu ist das Pferd beispielsweise nur bei kühleren Temperaturen bereit?

TRAINING GESTALTEN

Kenntnis über die Wirksamkeit der einen oder anderen Belohnung hilft, das Training effektiv zu gestalten. Denn es gilt immer noch: Was als Belohnung empfunden und geschätzt wird, bestimmt das Pferd und nicht der Mensch, egal wie nett er es auch gemeint haben mag.

Care Factor Nr. 5

POSITIVE LERNATMOSPHÄRE SCHAFFT OPTIMISMUS

Kreativität bezeichnet im ursprünglichen Sinne die Fähigkeit, etwas neu zu schöpfen. Damit ist erst in zweiter Hinsicht die künstlerische Kreativität, das bewusste Komponieren von Aspekten gemeint, wie wir sie einem Maler, Bildhauer oder Musiker zuschreiben würden. In erster Linie beschreibt die Kreativität die Fähigkeit eines Lebewesens, sein Denken und Gehirn ständig weiterzuentwickeln und es mit immer neuen Verknüpfungen auszustatten. Jedes Individuum hat dabei seine eigene Form der Kreativität.

Ist ein Pferd also in der Lage, besonders leicht neue Verknüpfungen herzustellen, also Lernerfahrungen aktiv in das schon bekannte Wissen zu integrieren, so zeichnet es sich durch eine hohe geistige Flexibilität aus. Es wird nach und nach optimistischer und profitiert in seiner Stressresistenz von einer positiven Lernatmosphäre.
Wer motiviert ist, der strebt nach eigenen Erfahrungen. Man kann davon ausgehen, dass jedes Lebewesen grundsätzlich motiviert ist. Es gibt unterschiedlich starke Handlungsbereitschaften, die parallel stattfinden. Ein Pferd wird etwa nach Nahrung suchen, weil es durch den Hunger motiviert ist, aber gleichzeitig auch Ausschau nach einem Partner halten,

1

weil es hormonell bedingt in Paarungsstimmung ist.
Über diese Grundbedürfnisebene hinaus ist das Gehirn des Pferdes wie auch das des Menschen darauf ausgelegt, ständig Informationen zu sammeln, zu filtern und zu assoziieren. Das Gehirn „wächst" im funktionalen Sinne durch die ständige Nutzung.

2

1 Ein Targetstick ist ein gutes Hilfsmittel im Führtraining, da das Pferd schnell lernt, diesem Gegenstand zu folgen, um Belohnungen zu erhalten.

2 Hat es das Prinzip der Targets einmal verstanden, so kann man mit vielen unterschiedlichen Targets, wie hier mit Buttons, arbeiten. Sie erhalten für das Pferd eine bestimmte Bedeutung.

Beispielübung: Praktisches Targettraining

Es gibt viele verschiedene Möglichkeiten des Pferdetrainings. Neben der kleinschrittigen Verhaltensformung und der positiven Verstärkung von erwünschtem Verhalten, können wir unserem Pferd bei der Erarbeitung neuer Lektionen helfen, indem wir mit diversen sogenannten Targets trainieren. Diese unterschiedlichen Zielobjekte geben dem Pferd wichtige Hinweise, in welche Richtung der Körper ausgerichtet werden soll. Dabei werden gerade bei neuen Übungen schneller Fortschritte gemacht. Ganz allgemein betrachtet sind Targets Zielobjekte oder Berührungspunkte. Im Targettraining soll das Pferd lernen, einen bestimmten Gegenstand oder ein Handzeichen als Ziel zu erkennen und mit einer bestimmten Handlung oder Berührung in Verbindung zu bringen. Targets können je nach Übungsziel ganz verschiedene Gegenstände sein, die bekanntesten sind Targetsticks und stationäre Targets. Als Targetsticks eignen sich besonders längliche Gegenstände wie Teleskop-Zeigestäbe, aber auch Fliegenklatschen, Kochlöffel oder Bambusstäbe. Beim Targetstick ist es besonders wichtig, dass jener Teil des Stabes, der vom Pferd berührt werden soll, vom Pferd besonders leicht als solches erkennbar ist und sich gut vom Stiel absetzt. Dies ist bei Fliegenklatschen von vornherein der Fall, bei Bambusstäben kann der vordere Teil beispielsweise mit einem farbigen Isolierband umwickelt werden oder aber es kann ein Tennisball auf die Spitze montiert werden.

Außer der besseren Erkennbarkeit für das Pferd liegt hierbei auch ein Vorteil in der geringeren Verletzungsgefahr. Zunächst erhält das Pferd für jede kleinste Berührung des Targets eine Belohnung. Wenn das Pferd zuverlässig gelernt hat, den Stick zu berühren, der ihm direkt vor die Nase gehalten wird, können wir zum nächsten Schritt übergehen, um das Potenzial des Targettrainings ausnutzen zu können. Bei diesem Trainingsschritt soll das Pferd lernen, dem Target zu folgen und es zu berühren, egal wohin es geführt wird. Wir beginnen nun, das Target anders zu positionieren, es mal höher und mal tiefer zu halten, mal zwischen den Vorderbeinen des Pferdes zu verstecken, sodass das Pferd aktiv nach dem Target suchen muss, um es zu berühren und dafür eine Belohnung bekommt. Dabei muss die Entfernung zur Pferdenase in kleinen Schritten gesteigert werden, damit das Pferd nicht die Lust verliert, dem Target zu folgen. Nach und nach sollte es in der Lage sein, sich etwas zu verbiegen, um das Zielobjekt zu berühren. Ist es dazu in der Lage, können wir beginnen, das Target so weit weg zu positionieren, dass sich das Pferd dorthin bewegen muss. Mit ein wenig Übung lernt das Pferd bald, dem Target über weite Distanzen zu folgen. Wir können unser Pferd quasi ohne eine direkte Verbindung, wie einen Führstrick, neben uns führen. Weiterhin ist es möglich, das Pferd an das Target heranzurufen und es so auch über eine gewisse Entfernung zu sich zu holen. Es handelt sich also um ein sehr flexibles Hilfsmittel.

MOTIVIEREND TRAINIEREN

Haben Pferde einmal Erfolg verspürt und Freude am Lernen gefunden, sind sie also motiviert, die Erfahrungen erneut zu machen, so werden sie sich häufiger in Situationen begeben, aus denen sie neue Informationen ziehen können. Sie steigern auf diesem Wege ihre Intelligenz, da sie ihre kognitive Leistungsfähigkeit stärken, das Gedächtnis trainieren oder ihre Konzentration schulen. Das wiederum stärkt entscheidend ihre Resilienz.

Ein klar abgesetztes Targetende hilft dem Pferd, das Lernziel schneller zu erkennen – so vermeidet man Verwirrung und fördert präzises Training.

Der Targetstick ist ideal für schüchterne Pferde, da er klare, angstfreie Kommunikation ermöglicht: Das Pferd kann aus sicherem Abstand lernen, wird nicht bedrängt und gewinnt durch positive Bestärkung Schritt für Schritt mehr Selbstvertrauen.

Pausen ins Training einbauen

Stressregulation und in der Folge auch ein Zuwachs an Resilienz entsteht, wenn wir dem Pferd helfen, nach Phasen der körperlichen oder geistigen Anstrengung schnell wieder in einen Entspannungszustand zu kommen.

Stresslevel

Es ist wichtig, den Stresslevel des Pferdes einschätzen zu lernen, um das Gelernte rechtzeitig durch eine Pause zu verfestigen. Das Pferd sollte also nicht überbelastet werden oder sich stark aufregen oder anspannen, sondern nur kurz einen Ausflug aus der Komfortzone herausmachen.

Pausen

Mindestens ebenso entscheidend ist es, die verschiedenen Möglichkeiten kennenzulernen, die einem Pferd helfen, sich zu entspannen. Je nach Pferdetyp kann man neben einer Pause zum Grasen, mit dem Pferd in ruhigem Tempo umherwandern, ohne irgendwelche Anforderungen an das Pferd zu stellen. Geeignet ist aber auch zwischendurch eine Kraulpausen einzulegen. Die Technik, mit der das Pferd gekrault werden mag, kann man zuvor im Paddock ausprobieren. Während der Trainingssession ist es wichtig, eine Routine dafür zu entwickeln, damit das Pferd weiß, wann eine Pause ist und wann es weiter im Trainingsprogramm geht.

Zeitmanagement

Entscheidend ist auch das Verhältnis von Anstrengung und Entspannung. Als Faustregel kann man sagen, dass es für die meisten Pferde sehr motivierend ist, wenn man in etwa die Hälfte der gemeinsamen Zeit mit Wellnesspausen verbringt. In der verbleibenden anderen Hälfte der Zeit ist das Pferd dann umso konzentrierter und motivierter bei der Sache. Es lernt, dass sich Zeiten der Aktivität mit Phasen der Entspannung regelmäßig abwechseln.

1.
Dieses Team arbeitet konzentriert am Langzügel im Trab.

2.
Beim genauen Hinschauen fallen leichte Stressmerkmale in der Mimik auf: Die Nüstern sind geweitet und der Rand des Nasenlochs erscheint hart und erhaben. Damit das Pony weiterhin motiviert und fröhlich mitarbeitet, wird es Zeit für eine kurze Pause.

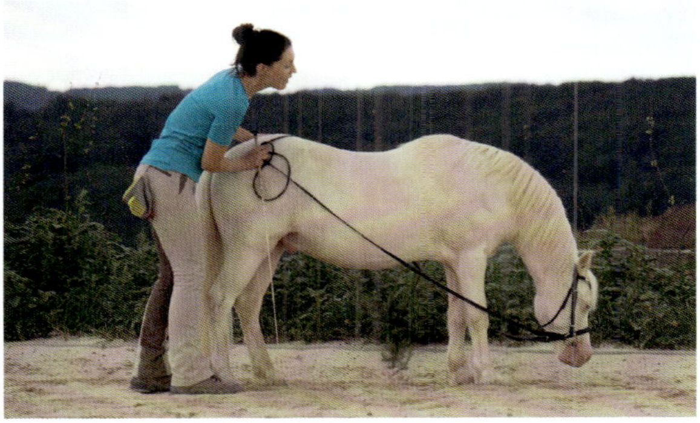

3.
Die Pause wird mit einem immer gleichbleibenden Handzeichen als Ritual eingeleitet.

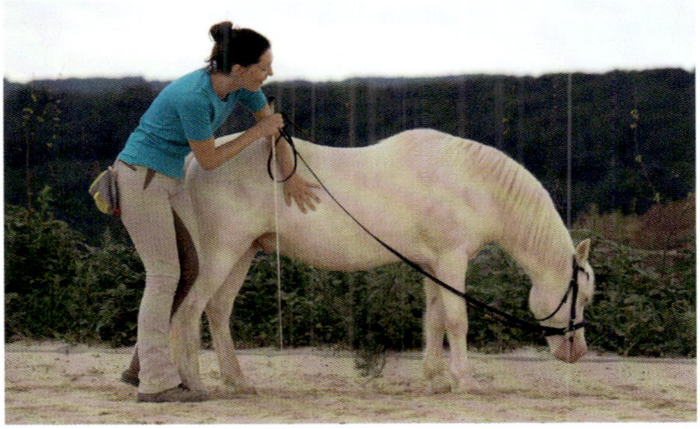

4.
In der Pause krault der Mensch das Pferd zum Beispiel an der Schweifrübe oder an der Kruppe. Daraufhin entspannt sich das Pferd, oft lässt es den Kopf fallen.

Immer wieder hineinspüren, was sich das Pferd wünscht, das ist einer der Schlüssel zu einem zufriedenen Miteinander.

Care Factor Nr. 6

WIE PFERDE SELBSTWIRKSAMKEIT ERLEBEN KÖNNEN

Neben Trainingseinheiten, in denen eine ganz bestimmte Verhaltensweise trainiert werden soll und eine Richtung des Prozesses vorgegeben ist, profitieren Pferde emotional auch von spielerischen Sessions. Im freien Spiel erfahren wir dazu viel über die Persönlichkeit des Pferdes und über uns selbst.

In Spielstimmung zu kommen, setzt bei Pferden eine generelle Entspannung voraus. Gerade dieser Faktor wird häufig unterschätzt, wenn es heißt: „Mein Pferd spielt nicht" oder „es lässt sich nur schwer motivieren". Viele Pferde haben in unserer Gegenwart Stress und fürchten womöglich eine unklare Aufgabenstellung, die Trainingsmethoden an und für sich. Oder es gibt schlicht eine zu hohe Erwartungshaltung. In vielen Fällen spielen auch erwachsene Pferde sehr gerne – nur nicht mit jedem, in jeder Situation und in jeder Stimmung.

Faktor Selbstbestimmung

Um die Spiellaune bei Pferden zu wecken, ist eine entspannte Atmosphäre und ein behutsames, nicht aufdringliches Spielangebot nötig. Spielstimmung kommt etwa dann auf, wenn man selbst versunken mit einem Spielzeug spielt, ohne das Pferd zunächst aktiv mit einzubeziehen oder zu bedrängen. Oder indem man Blickkontakt sucht, den Blick dann wieder abwendet und selbst im Laufen oder Hüpfen aufgeht. Doch Vorsicht:
All das wird nur funktionieren, wenn die eigene Energie nicht völlig konträr zur Energie des Pferdes ist, und nur

SCHWINGUNGSBAROMETER PFERD

Viele Pferde reagieren äußerst empfindlich auf die emotionalen Schwingungen ihres Zweibeiners. Sie schaffen es nicht, sich vollkommen auf ein Spiel einzulassen, wenn sie spüren, dass der Mensch nicht selbstvergessen mitspielt. Wichtig ist also, die eigenen Wünsche und Zielvorstellungen nicht auf das Tier zu projizieren.

dann, wenn man es schafft, das Pferd nicht zu überrumpeln und zu nötigen. Es ist eben ein Unterschied, ob jemand bespielt wird oder ob man gemeinsam spielt. Pferde erkennen das ganz genau.

Wie erkennt man das Spielgesicht des Pferdes?

Im Spiel zeigen Pferde ihre Lebensfreude über eine weiche Gesichtsmuskulatur, runde, große, leuchtende Augen und vor allem auch über die bei jeder Art von Erregung vorgeschobene Oberlippe. Diese kann rüsselartig verlängert erscheinen und wird sowohl bei Laufspielen, bei ruhigen Objektspielen oder bei spielerischen Rangeleien gezeigt.

Besonders beim Laufspiel können die Ohren kurzzeitig immer wieder komplett flach an den Schädel gepresst werden. Pferde schlüpfen im Spiel gewissermaßen in verschiedene Rollen. Sie spielen Jäger und Gejagter und wechseln diese Rollen im Spielverlauf immer wieder mit ihren Spielgefährten. Hierbei können sie innerhalb einer Spielsequenz durchaus eine überzeugend aggressive Drohmimik präsentieren. Der Unterschied zum echten Drohgesicht liegt im Detail: Zum einen im Anspannungsgrad der Kaumuskulatur und der Kinn-, Lippen und Nüsternregion, zum anderen eben in diesem schnellen Wechsel der Ohrenstellung.

Gerade wenn es darum geht, die spielerische Grundstimmung beim Pferd zu erfassen, ist es entscheidend, sich ganz auf den Moment einzulassen.

1 Beim Laufspiel kann die Mimik schnell von kurzen Sequenzen mit angelegten Ohren, aber vorgeschobener Oberlippe und lockerem Maul, zu Phasen mit gespitzen Ohren wechseln.

2 Vorherrschend sollte eine aufmerksame und freudige Gesichtsmimik sein.

1

2

Bespielt werden hat nichts mit Spielen zu tun

Es ist ein großer Unterschied, ob man wirklich aus freien Stücken und fröhlich im Herzen miteinander spielt oder ob der eine den anderen bespielt bzw. sich eigentlich hinter dem Begriff „Spiel" eine unterschwellige Form der Manipulation versteckt. Echtes Spiel lebt von zwei oder mehr gleichberechtigten Partnern, die miteinander, aber immer auch unabhängig voneinander agieren dürfen. Die frei in ihrem Handeln sind und sich von der ausgelassenen Stimmung des Augenblicks mitreißen lassen können.

Immer wenn wir Vorführungen sehen, etwa in der Freiheitsdressur oder bei der Bodenarbeit, bei denen die Pferde der Wahl beraubt werden, ob sie sich beteiligen oder sich entziehen können, dann sollte man vorsichtig sein, ob es sich wirklich um ein spielendes Pferd handelt. Auch wenn der Mensch Hilfsmittel wie Seil, Gerte oder Stick benötigt, um das Pferd zu „motivieren", dann liegt der Verdacht nahe, dass diese Hilfsmittel eher zum Treiben eingesetzt werden. Das echte Spiel braucht keine Androhung von Gewalt und lebt auch nicht von der Verstärkung der „Hilfen".

Dem Anderen Raum geben

Wie oft passiert es, dass wir vor lauter Plänen, die wir für die Ausbildung unserer Pferde haben, gar keine Zeit mehr zur freien Entfaltung einplanen? Da werden munter Lektionen einstudiert, an Details gefeilt und Ausbil-

Die Drohmimik des Pferdes zeichnet sich hier beim linken Pferd durch die flach an den Schädel anliegenden Ohren und die zum rechten Pferd hin ausgerichtete Beißdrohung mit weit geöffnetem Maul.

dungsziele abgesteckt. Darüber vergisst man leider häufig, dass jedes Individuum seinen ganz eigenen Entfaltungsspielraum zur Entwicklung seiner Persönlichkeit braucht. Sicher kann man gezielt Gelassenheitstraining machen oder auch Bodenarbeitseinheiten einlegen, ein mindestens ebenso wichtiger Anteil der Beschäftigung mit unseren Pferden sollte jedoch kein festgelegtes Ziel verfolgen, sondern aus dem Augenblick entstehen und sich frei entwickeln dürfen.

Gemeinsam frei

So können wir einfach mal gemeinsam mit dem Pferd die Weide abgehen. Nicht am Führstrick, sondern ganz gemütlich in dem Tempo, wie es halt Pferde beim Grasen so machen. Oder einfach mal nebeneinander verweilen

SELBSTWIRKSAMKEIT ERLEBEN

Wer auf diese Art und Weise ungewohnte Herausforderung einzuschätzen lernt und eigene, nicht angeleitete Erfahrungen macht, dessen Psyche wird stabiler und stressresistenter, auch wenn man gar nicht gezielt daran arbeitet. Einfach aufgrund der gewonnenen Erfahrung, man selbst sein zu dürfen und nicht nur an den Erwartungen gemessen zu werden. Jedes Lebewesen braucht das Gefühl, autonom handeln zu können und nicht nur in den vorgegebenen Bahnen eines anderen zu funktionieren.

1

2

1 Einen großen Einfluss auf das Gefühl der Gruppenbildung zwischen Pferden und Menschen hat ein gemeinsam gestalteter Alltag. Beispielsweise das Begleiten der Pferde von einem Futterplatz zum anderen.

2 Wenn man auf einer Weide mit Gras trainiert, kann man schauen, ob sich das Pferd freiwillig und gerne dem Menschen anschließt oder ob es doch das verlockende Gras wählen würde.

und gemeinsam den Blick in die Ferne schweifen lassen. Das ist für viele Pferde eine wichtige, soziale Komponente ihres Lebens. Oder wir bringen einen unbekannten Gegenstand wie ein Plüschtier mit und beobachten, wie unser Pferd dieses unerwartete Objekt erkundet. Ganz wichtig ist hier: Wir geben keine Richtung vor! Hier geht es nicht um das Formen eines konkreten Verhaltens, hier gibt es kein Richtig oder Falsch, sondern wir nähern uns gemeinsam neuen Situationen an und begeben uns in ein Feedback-Spiel, wie wir es auch mit einem Kleinkind tun würden.

Care Factor Nr. 7

IMPULSKONTROLLE UND SELBSTREGULATION

Impulskontrolle und Selbstregulation – zwei Begriffe, die auf den ersten Blick vielleicht etwas abstrakt klingen, aber im Leben eines Pferdes eine zentrale Rolle spielen. Sie sind die unsichtbaren Befähigungen, die es einem Pferd ermöglichen, in einer Welt voller Reize, Herausforderungen und manchmal auch Überforderungen gelassen und ausgeglichen zu bleiben. Impulskontrolle ist das Vermögen, spontane Reaktionen zu unterdrücken und stattdessen angemessen auf eine Situation zu reagieren. Ein Pferd mit guter Impulskontrolle wird nicht bei jedem Geräusch erschrecken, nicht bei jeder Gelegenheit durchgehen oder bei der kleinsten Frustration austicken. Es kann seine Emotionen und Handlungen regulieren, anstatt ihnen blindlings nachzugeben.

Selbstregulation hingegen geht noch einen Schritt weiter: Sie beschreibt die Befähigung, sich selbst in einen Zustand der inneren Balance zurückzuführen, auch nach stressigen oder aufregenden Ereignissen. Ein Pferd, das sich gut selbst regulieren kann, wird nach einem Schreckmoment schnell wieder zur Ruhe kommen, nach einer anstrengenden Trainingseinheit entspannen und in schwierigen Situationen gelassen bleiben.

Die Entwicklung von Impulskontrolle und Selbstregulation

Impulskontrolle und Selbstregulation sind keine angeborenen Eigenschaften, sondern Fertigkeiten, die im Laufe des Lebens erlernt und entwickelt

Das Fohlen bringt vom Tag seiner Geburt bestimmte Eigenschaften mit. Andere Fähigkeiten, wie etwa die Fähigkeit zur Selbstregulation und Impulskontrolle, entwickeln sich erst nach und nach.

werden. Bereits in der Fohlenzeit werden die Grundsteine gelegt: Ein Fohlen, das in einer stabilen Herde aufwächst, das von seiner Mutter und den anderen Herdenmitgliedern liebevoll geführt wird und das lernt, kleine Herausforderungen selbstständig zu meistern, hat die besten Voraussetzungen, um später gut mit Stress umgehen zu können. Es lernt, dass die Welt nicht immer perfekt ist, dass es aber Möglichkeiten gibt, mit Schwierigkeiten umzugehen – sei es durch Geduld, durch Rückzug oder durch die Suche nach Unterstützung.
Doch auch bei älteren Pferden können Impulskontrolle und Selbstregulation gefördert werden – und hier kommt unsere Rolle als Mensch ins Spiel. Ein Pferd, das gelernt hat, sich auf seinen Menschen zu verlassen, der ihm Sicherheit und Orientierung bietet, wird eher in der Lage sein, seine Impulse zu kontrollieren und sich selbst zu regulieren.

Klare Kommunikation

Ein Pferd, das weiß, was von ihm erwartet wird, und das sich auf seinen Menschen verlassen kann, fühlt sich sicher und kann besser mit Stress umgehen. Klare Kommunikation und eine faire, sanfte Führung sind daher unerlässlich. Das bedeutet nicht, dass wir streng oder autoritär sein müssen – im Gegenteil. Es geht darum, dem

1 | 2

3

1-3
Das altbekannte Gelassenheitstraining kann so viel Potenzial haben, wenn wir im Alltag spielerisch Situationen integrieren, in denen neue Erfahrungen gemacht werden und an denen Pferde emotional wachsen können.

Pferd Orientierung zu geben, ihm zu zeigen, dass wir die Situation im Griff haben, und ihm gleichzeitig die Möglichkeit zu geben, sich auszudrücken und mitzuentscheiden.

Geduld und positive Verstärkung

Impulskontrolle und Selbstregulation lassen sich nicht erzwingen – sie müssen wachsen. Und das braucht Zeit. Geduld ist daher einer der wichtigsten Faktoren. Wenn wir unser Pferd überfordern oder zu schnell zu viel verlangen, riskieren wir, dass es frustriert wird und seine Impulse nicht mehr kontrollieren kann. Stattdessen sollten wir kleine Schritte gehen, das Pferd loben und belohnen, wenn es etwas gut macht, und ihm die Möglichkeit geben, sich zu entspannen und das Gelernte oder das Erlebte zu verarbeiten.

Herausforderungen schaffen, ohne zu überfordern

Ein Pferd, das nie mit Herausforderungen konfrontiert wird, kann keine Impulskontrolle oder Selbstregulation entwickeln. Doch es ist wichtig, die Balance zu finden: Die Herausforderungen sollten das Pferd fordern, aber nicht überfordern. Zum Beispiel können wir das Pferd langsam an neue Situationen heranführen, sei es durch das Training mit unbekannten Gegenständen, durch Spaziergänge in der Natur mit Fresspausen oder durch das Üben von Lektionen, die Konzentration und Geduld erfordern. Wichtig ist, dass das Pferd Erfolgserlebnisse hat und sich nicht überfordert fühlt.

Auch auf Ausritten kann jede Gelegenheit genutzt werden, das Band zwischen Pferd und Mensch zu stärken, indem man gezielt unterschiedliche Arten von Pausen einbaut. Diese fördern das Vertrauen in den Menschen.

An gemeinsame schöne Momente werden sich beide Seiten gerne zurückerinnern. Daher ist es wichtig, sich selbst und das Pferd möglichst entspannt in neue Situationen zu bringen. So kann auch ein Bad im See zu einem solchen unvergesslichen Moment werden.

Ruhe und Entspannung fördern

Selbstregulation bedeutet auch, dass das Pferd lernt, sich selbst zu beruhigen und zu entspannen. Hier können wir unterstützen, indem wir dem Pferd regelmäßige Pausen gönnen, es streicheln oder massieren und ihm die Möglichkeit geben, sich zurückzuziehen. Auch das Training von Entspannungssignalen, wie das Senken des Kopfes oder das tiefe Durchatmen, kann helfen.

Die Beziehung stärken

Letztlich ist die Beziehung zwischen Mensch und Pferd der Schlüssel zu guter Impulskontrolle und Selbstregulation. Ein Pferd, das seinem Menschen vertraut, wird eher bereit sein, seine Impulse zu kontrollieren und sich auf die Führung des Menschen zu verlassen. Diese Beziehung wird nicht durch Druck oder Dominanz aufgebaut, sondern durch Respekt, Verständnis und gemeinsame positive Erfahrungen.

Ein Beispiel aus der Praxis: Stellen wir uns ein Pferd vor, das auf dem Ausritt plötzlich mit einem unerwarteten Hindernis konfrontiert wird – etwa einem lauten Traktor oder einer flatternden Plane. Ein Pferd mit guter Impulskontrolle wird vielleicht kurz erschrecken, aber dann seine Aufmerksamkeit wieder auf den Reiter lenken und sich beruhigen. Ein Pferd, das diese Fähigkeit noch nicht entwickelt hat, könnte durchgehen oder in Panik verfallen. Der Unterschied liegt nicht in der Situation selbst, sondern in der Fähigkeit des Pferdes, mit ihr umzugehen – und dieses Vermögen können wir fördern.

LIEBEVOLLE AUSBILDUNG

Impulskontrolle und Selbstregulation sind also keine Zauberei, sondern das Ergebnis einer bewussten und liebevollen Pferdeerziehung. Sie sind der Schlüssel zu einem gelassenen, ausgeglichenen und zufriedenen Pferd – und damit auch zu einer harmonischen Partnerschaft zwischen Mensch und Tier. Indem wir diese Fähigkeiten fördern, tun wir nicht nur etwas für die Sicherheit und das Wohlbefinden unseres Pferdes, sondern auch für die Qualität unserer gemeinsamen Zeit. Denn ein Pferd, das gelernt hat, seine Impulse zu kontrollieren und sich selbst zu regulieren, ist nicht nur ein zuverlässiger Partner, sondern auch ein echter Freund.

Care Factor Nr. 8

MOTIVATION AKTIV STEUERN

Eigeninitiative und Motivation entstehen immer dann, wenn Pferde sich wohlfühlen, weil sie viel gelobt werden, Belohnungen für ihr Handeln erhalten und ihre Umwelt selbst aktiv entdecken dürfen. Motivation ist die logische Folge einer positiven Pferdeausbildung.
Kein Pferd wird „von Natur aus" einen inneren Antrieb, ein eigenes Verständnis für die Notwendigkeit einer Wurmkurgabe haben oder von sich aus Freude am Termin mit dem Hufschmied entwickeln. Erst wenn wir die extrinsische Motivation nutzen, also mit Belohnungen arbeiten, und uns an den äußeren Anzeichen für Freude beim Pferd orientieren, wird das Pferd nach und nach generell auch intrinsisch, also aus sich selbst heraus motiviert sein, gerne mit uns etwas zusammen zu machen. Dann ist es irgendwann egal, ob wir Bodenarbeit machen oder spazieren gehen – bereits das Zusammensein kann zu einem inneren Motivator werden.

WARUM STRAFEN KONTRAPRODUKTIV SIND

Pferde lernen durch Strafen nur Angst, nicht Vertrauen. Sie verknüpfen den Menschen mit Bedrohung, werden unsicher oder resignieren – dabei geht die Freude am Lernen verloren. Positive Verstärkung schafft dagegen Motivation und eine starke Bindung.

Was motiviert mein Pferd?

Warum und wofür arbeitet das Pferd mit uns zusammen? Wollen wir eine bestimmte Handlung, also eine definierte Verhaltensweise trainieren, dann müssen wir wissen, dass die Ausführung von den Konsequenzen gesteuert wird. Das Pferd wird ein Verhalten schnell lernen und gleichzeitig gerne freiwillig ausführen, wenn es sich eine positive Konsequenz davon verspricht. Etwa, weil es eine Belohnung erwartet, da es im Verlauf des Trainingsprozesses erfahren hat, dass es sich bereits einmal gelohnt hat, mitzuarbeiten. Verhalten, das sich gelohnt hat, wird ganz allgemein im

Eine von vielen Möglichkeiten, die Motivation zu steigern, ist die gezielte Arbeit mit Futterlob im Training.

lerntheoretischen Sinne gesprochen in der Folge häufiger gezeigt.
Das heißt also, das Pferd wird eine Handlung häufiger ausführen, wenn sich sein Verhalten bereits ein- oder mehrfach in der Vergangenheit gut angefühlt hat. Es wird eine Handlung seltener zeigen, wenn sie sich als unangenehm erwiesen oder dem Tier sogar geschadet hat.
Der Outcome, also das, was unterm Strich für das Pferd bei einer Handlung herausspringt, bestimmt die Wahrscheinlichkeit, mit der ein Pferd diese Verhaltensweise in Zukunft zeigen wird. Die Motivation hängt also in erster Linie eng mit der Bedeutung einer Verhaltensweise, seinem „Wert" in Bezug auf das Resultat und den an diese Handlung gekoppelten positiven oder negativen Empfindungen ab. Pferde lernen sowohl über ihren eigenen Erfolg, also über Belohnungen und Lob, als auch über das Erleben negativer Reize in Druckstufensystemen.
Der Unterschied liegt jedoch in der Art der resultierenden Motivation. Während eine über positive Verstärkung erlernte Verhaltensweise angenehme Gefühle wie Freude erzeugt, sind Lernwege über negative Verstärkung mit Gefühlen wie Erleichterung oder Entlastung verknüpft.

Belohnungslernen, intrinsische Motivation und Resilienz

Eine Belohnung ist ein Anreiz, der von außen kommt, also ein extrinsischer Motivator. Geben wir immer ein Leckerli, wenn unser Pferd nett neben uns antrabt, so wird es das Antraben verinnerlichen und gerne zeigen, weil es eine Futterbelohnung erwartet. Für das Trainieren von Tricks funktioniert es sehr gut, mit solchen Energieboosts zu arbeiten.
Will man aber die generelle Arbeitseinstellung des Pferdes verbessern, also Freude am gemeinsamen Tun und damit die intrinsische Motivation und die Resistenz des Pferdes stärken, so ist das punktuelle Lob nur ein Vehikel. Die gesamten vorherrschenden Lebensumstände bestimmen den Grad der Bereitschaft und der Neugier, sich auf das Training einzulassen, ebenso wie die Form des Umgangs bei der Erarbeitung konkreter Lerninhalte. Als Leitsatz gilt daher: Je wohler sich das Pferd mit sich selbst, seiner Umgebung und mit uns fühlt, desto bereitwilliger wird es sich aktiv mit uns zusammen neuen Herausforderungen stellen.

Erfolgsfaktoren für mehr Begeisterung

Sei selbst begeistert! Begeisterung ist hochgradig ansteckend und überträgt

1

2

1 Kraullob kommt immer dann positiv beim Pferd an, wenn man die richtigen Stellen findet und in der richtigen Intensität krault.

2 Zwischendurch mal grasen lassen, steigert die Motivation, etwas mit dem Menschen gemeinsam zu unternehmen.

sich direkt vom Menschen aufs Pferd und umgekehrt. Es kommt zu einer Stimmungsübertragung, wenn das Pferd unsere ehrliche Liebe und Zuneigung spürt. Vor allem immer dann, wenn wir es liebevoll ansehen, selbst den Moment schätzen und nicht zu viel auf einmal wollen. Pferde spüren unsere authentische Freude am Tun sofort und lassen sich dadurch sehr gut motivieren. Schafft es der Mensch, das Lernumfeld positiv zu gestalten und sowohl eine freundliche Kommunikation zu pflegen als auch stets die Bemühungen des Trainingspartners positiv zu verstärken, so ergibt sich für das Pferd eine große Vorhersehbarkeit. Unsere Message ist dabei: Wir wollen gemeinsam Spaß haben und erfreuen uns dabei miteinander an unseren Erfolgen.

Schaffe Erfolgserlebnisse

Erfolg motiviert und er beflügelt das Pferd. Wie bereits erwähnt, wird das Pferd immer dann besonders aktiv, wenn es sich aus seiner Sicht lohnt. Damit wir möglichst viele Erfolgserlebnisse auf dem Trainingsweg schaffen können, ist es hilfreich, kleinschrittig zu arbeiten. Wer zu große Schritte erwartet, wird das Pferd demotivieren. Wer häufig lobt und sich schon an minimalen Fortschritten, kleinsten Bewegungsmustern oder dem schlichten Hinwenden des Pferdes erfreuen kann, der gibt dem Pferd viele, viele positive Rückmeldungen und zahlt so bildlich gesprochen auf das Konto der späteren intrinsischen Motivation ein. Das wiederum zahlt sich aus, wenn ein stressiger Moment viel Energie erfordert.

Übertrage Verantwortung

Pferde wachsen über sich selbst hinaus, wenn sie selbstwirksam handeln können. Immer dann, wenn sie erleben, dass sie das Geschehen aktiv beeinflussen können, eigene Entscheidungen treffen und sich so wichtig fühlen können, werden sie stolz auf das Erreichte sein und mehr und mehr selbstständig anbieten. Es kann also sehr hilfreich sein, auf einem Ausritt an einer Wegkreuzung auch das Pferd zu fragen, wohin es denn gehen möchte. Es wird so in Entscheidungen miteinbezogen und selbstständiger und aktiver.

Wir können auch diverse scheinbar „sinnlose“ Tricks mit unserem Pferd erarbeiten, um ihm zu zeigen, dass es sich ausleben darf, ohne von uns ständig berichtigt zu werden. Wir loben und belohnen unser Pferd also etwa dann, wenn es sich mit einem bestimmten Gegenstand beschäftigt, einen Ball berührt oder einer Plastikplane folgt. Zunächst belohnen wir wirklich ausnahmslos jede einzelne Berührung und Bewegung des Pferdes. Nach und nach belohnt man etwas seltener. Hat man einmal einen gewissen Punkt überschritten, ist eine ständige erneute Belohnung des Pferdes gar nicht mehr nötig. Es handelt dann aufgrund seiner eigenen inneren Freude am gemeinsamen Tun.

AUF DIE EINSTELLUNG KOMMT ES AN

Aus einer extrinsischen Motivation entsteht über positive Verstärkung eine intrinsische Motivation, die wiederum das Selbstbewusstsein des Pferdes steigert. Aufgaben werden um ihrer selbst willen gelöst und nicht mehr, weil es dafür eine direkte Rückmeldung oder ein Lob des Menschen gibt.

Der wichtigste Punkt für eine glückliche Beziehung zwischen Pferd und Mensch liegt letztlich in der Einstellung des Menschen. Nur wer seinem Pferd emotional zugeneigt ist und es in seiner Einzigartigkeit wahrnehmen kann, wird diese Zuneigung auch vermitteln können. Das Glück des Pferdes ist insofern auch davon abhängig, in wieweit wir es schaffen, unser Pferd vorbehaltlos zu lieben und es in seinen Stärken und Schwächen wahrzunehmen. Ein Pferd braucht wie wir Menschen das Gefühl, wahrgenommen und nicht nur an seinen Leistungen oder seiner Schönheit gemessen zu werden. Das Glück für beide entsteht durch Interesse an einem Miteinander.

Beispielübung: Auf das Podest

Das Podest ist vielfältig einsetzbar und kann in jedem Ausbildungsstadium für unterschiedliche Trainingsschwerpunkte verwendet werden. Für Einsteiger bietet sich als Startübung eine Gummimatte als „kleine Schwester“ des Podestes an. Das Grundprinzip ist das Konzept eines stationären Targets. Dies ist ein Platz, auf dem man sein Pferd ruhig verharren lassen kann. Man führt bzw. schickt es auf ein Signal dorthin, das Pferd besteigt das Podest und wartet, bis man es wieder abholt oder aber zu sich ruft. Von dieser erhöhten Warte aus beobachtet das Pferd das weitere Geschehen.

Man ist neben dem dort verweilenden Pferd in der Lage, sich gleichzeitig um andere Dinge zu kümmern, wie etwa ein Hindernis aufzubauen oder aber sich um ein anderes anwesendes Tier zu kümmern.

Ein einmal etabliertes Bodentarget – ob nun das Podest, die Matte oder ein anderer vereinbarter Ort, ermöglicht es uns, den eigenen Aktionsradius zu vergrößern, bringt Ruhe ins Training und verdeutlicht dem Pferd die Prinzipien der positiven Pferdeausbildung. Wir erarbeiten uns so einen hilfreichen Ablauf innerhalb der positiven Verstärkung: Wir können an komplexen Übungen weiterarbeiten, wobei Mensch und Pferd verschiedene Handlungen ausführen, ohne direkt miteinander zu interagieren.

Hinschicken

Wir platzieren uns anfangs parallel zum Pferd, führen es zum Podest und lassen es mit den Vorderbeinen aufsteigen. Während es auf dem Podest steht, bleiben wir direkt neben ihm.

2

1

1 Das Pferd lernt Belohnungen mit dem Betreten vom Podest zu assoziieren.

2 Auch ein Signal für das Runterschicken sollte bald erarbeitet werden.

Die allermeisten Pferde lieben die erhöhte Position auf dem Podest und genießen den Überblick.

Positionswechsel

Ein wichtiger Arbeitsschritt ist nun, unsere Position zu wechseln, weil sie sonst zum bedeutsamen Zeichen für das Pferd wird. Wir wollen, dass es sich am Podest orientiert. Deshalb begleiten wir es nicht mehr bis zum Podest, sondern bleiben anfangs kurz vor dem Podest, dann immer weiter entfernt, stehen. Unser vorgeneigter Oberkörper und ein zum Podest weisendes Handzeichen verdeutlichen, was wir möchten. Das Handzeichen wird als neues Signal eingeführt. Hierbei ist es sehr wichtig, den eigenen Impuls, das Pferd stets gleichartig zu begleiten, zu unterdrücken. Wir verweilen ganz bewusst an verschiedenen Stellen und schicken es mit dem Signal zum Podest. Das Podest soll ab jetzt mit unserem Handzeichen verknüpft werden und nicht mehr mit unserer Begleitung.

Das Pferd umrunden

Ein wichtiger Zwischenschritt, bevor man das Pferd allein am Podest verweilen lassen kann, ist das Umrunden des Pferdes. Dazu verlässt man seine Position neben dem Pferdekopf und bewegt sich vor das Pferd und nach und nach in einem Kreis um das Pferd herum. Anfangs ist es am einfachsten, die Position zu verändern, indem man seine Füße dann bewegt, sobald die Futterhand am Pferdemaul ist. Im Trainingsverlauf loben wir, wenn wir beim Umrunden des Pferdes auf Höhe der Hinterbeine sind, mal wenn wir hinter dem Pferd stehen oder mal vor dem Pferd. Es dauert nicht lange, dann bleibt das Pferd von sich aus auf dem Podest stehen.
Sollte es das Podest selbstständig verlassen, gehen wir eine kleine Runde im Schritt um das Podest herum und starten die Übung danach in Ruhe erneut. Damit das Pferd weiß, dass es auch für das Verlassen vom Podest einen bestimmten Zeitpunkt gibt, erarbeiten wir ein „Zurück"-Signal, indem wir das Pferd sanft an der Schulter berühren und es mit einem Leckerli in der Hand rückwärts vom Podest herunterlocken. Die Belohnung überreichen wir dann unten. Nach einigen Wiederholungen kann man nur noch das Signal an der Schulter geben und auf das Locken verzichten.

Beispielübung: Futterball

Ich arbeite im Training mit meinen Pferden und mit den meiner Schüler sehr gerne mit Futterbällen. Diese Bälle bestehen aus stabilem Kunststoff und haben eine Öffnung, durch die man Leckerlis oder Trockenfutter einfüllen kann. Diese Öffnung lässt sich regulieren, sodass es je nach Futterart und Öffnungsgrad mehr oder weniger schwierig ist, das Futter durch die Rollbewegungen am Boden herausfallen zu lassen. Unser Pferd hat einen hohen Anreiz, sich mit dem Futterball zu beschäftigen, da immer wieder Futterbelohnungen wie aus dem Nichts erscheinen.

1

1 Die Futterbrocken fallen aus dem vorgesehenen Loch heraus.

2 Sollte das Pferd es zunächst nicht schaffen, durch Rollen Futter aus dem Würfel zu bekommen, so helfen wir ihm hin und wieder. Wichtig ist aber, dem Pferd Gelegenheiten zu geben, selbst aktiv zu werden.

2

Aktives Verhalten lohnt sich

Lassen wir unser Pferd mit passenden, leicht herauszurollenden Leckerlis allein, so wird es schnell entdecken, dass es sich lohnt, diesen neuen Gegenstand zu untersuchen. Es fallen immer wieder Leckerbissen auf den Boden. Diese motivieren das Pferd zu aktivem Verhalten. Generell ist es im positiven Pferdetraining unser Ziel, dass unser Pferd seine Selbstwirksamkeit erlebt. Es soll erfahren, dass sich seine Bemühungen direkt lohnen, dass es sich gut anfühlt, neugierig zu sein und Dinge auszuprobieren. Später möchten wir diese Empfindungen auch in unserem Training dem Pferd ermöglichen, hier aber wird bei der Beschäftigung mit dem Futterball völlig unabhängig von uns ein unmittelbares Glücksgefühl erzeugt. Das Erleben von Selbstwirksamkeit wiederum fördert die natürliche Resilienz des Pferdes.

Geduld zahlt sich aus

Im Verlauf des Spiels fallen dem Pferd immer wieder Futterbrocken direkt vor die Nase. Hat es einmal den Dreh raus, so wird es den Ball sehr geschickt lenken, um möglichst schnell an die Leckerlis zu kommen. Verkleinern wir die Öffnung Stück für Stück, so wird es schwieriger, an das Futter zu gelangen. Der Ball muss nun länger gerollt werden, um einen Bissen abzubekommen. Spielerisch lernt unser Pferd auf diesem Wege, sich über einen längeren Zeitraum zu konzentrieren und geduldig dranzubleiben. Es kann so in seinem eigenen Lernkosmos erfahren, dass Erfolgserlebnisse nicht immer im Sekundentakt erfolgen, sondern manchmal ein gewisses Maß an Geduld erfordern.

Um die Ecke denken

Das Spiel mit dem Futterball verdeutlicht dem Pferd, dass es erst eine Handlung, nämlich das Rollen des Balls mit der Nase erfordert, bevor eine Belohnung kommt, also Futter, das aus der Öffnung fällt. So kann unser Pferd auf diesem Wege ganz einfach das Prinzip unseres positiven Pferdetrainings kennenlernen, ohne die manchmal ablenkende Anwesenheit eines menschlichen Trainers – mit dessen eigenen Unzulänglichkeiten. Hier erlebt es selbstbestimmt die fundamentale Verknüpfung: Erst konzentriert handeln – dann den verdienten Erfolg genießen.

Geeignete Futtermittel

Das ausgewählte Futter muss mehrere Kriterien erfüllen. Im Idealfall soll es dem Pferd natürlich schmecken und möglichst gesund und leicht aus dem Ball herauszubekommen sein. Feuchte Futtermittel wie Möhren- oder Apfelstückchen eigenen sich erfahrungsgemäß nicht, da sie im Inneren des Balls festkleben. Besser sind je nach Größe des Spielzeugs und der Form der Öffnung gepresste Futterpellets, Getreidekörner wie Hafer oder Gerste, oder getrocknete Hagebutten. Wenn wir das Spielzeug neu einführen, achten wir darauf, nicht auf ungünstigen Untergründen zu trainieren. Gras ist für das Anfängerpferd schwierig, weil die Ablenkung durch das schmackhafte Grün meist zu groß ist und es schnell das Interesse verliert, sich anzustrengen, wenn es doch eh Halme zupfen kann.

Auch kurzes Gras ist als Untergrund für Spiele mit dem Futterball oder dem Futterwürfel gut geeignet.

Sand als Untergrund ist ebenfalls ungünstig, da zum einen der Sand leicht in den Ball gelangen kann oder ihn von außen verschmutzt, zum anderen, weil auch das herausgefallene Futter, einmal sandig geworden, nicht mehr gerne angenommen wird. Auch nicht perfekt ist Betonboden, da Bälle dort oft mit einem Schwung von der Pferdenase sehr weit rollen und mit einen Dreh Unmengen an Leckerlis herausfallen.

Ideal ist der Untergrund auf Paddockmatten oder mit einer großen, an den Seiten fixierten Plastikplane als Unterlage. Damit lernt das Pferd nebenbei auch, auf ungewöhnliche Untergründe zu treten und diese mit den Hufen zu erkunden. So entsteht in Anwesenheit der „magischen" Futterkugel eine Win-Win-Situation. Der Futterball animiert Pferde, sich ihr Futter quasi wie in der Natur zu erarbeiten – durch Bewegung und Geduld.

Beispielsübung: Match to sample

Was gehört zusammen? In der experimentellen Tierpsychologie setzt man seit vielen Jahren bei der Erforschung der Denk- und Erinnerungsleistung von Tieren auf definierte Versuchsanordnungen, die sich unter dem Begriff „matching to sample" oder schlicht „match to sample" zusammenfassen lassen. So lernen Pferde, selbstständig, Kategorien zu bilden und Objekte zu unterscheiden, wenn sie zusammengehörige Paare identifizieren.
Dabei können sie beispielsweise lernen, dass ein bestimmter Gegenstand zu einem identischen Partner gehört oder zu einem optisch andersartigen Partner. Und sie können Zuordnungskriterien für Gegenstände je nach Farbe oder Form entwickeln. Am Ende dieses anspruchsvollen Lernprozesses sind unsere Pferde imstande, auf einen Beispielreiz hin einen bestimmten Zielreiz zu verknüpfen und daraufhin eine von uns ausgewählte Handlung zu vollführen.
Pferde sind wirklich clever. Es bringt viel Spaß, ihnen beim Denken zuzusehen und zu entdecken, wie sie kleine Memory-Aufgaben lösen oder Farben auf ein Signal hin voneinander unterscheiden lernen. Sie können lernen, beispielsweise einen gelben Gegenstand unter lauter bunten Gegenständen zu zeigen. Es geht um das Grundprinzip „Was gehört zusammen?" und das Pferd beginnt, Kategorien zu bilden und uns diese in einer kleinen Aufgabenstellung mitzuteilen. Schimmelwallach Harry hat im Laufe der Trainingsphase gelernt, einen gleichfarbigen Schaumstoffwürfel anzuzeigen, wenn ihm zuvor ein ebensolcher als Beispielreiz präsentiert wurde. Nach und nach könnte man analog zum folgenden Übungsplan entweder weitere Farben hinzunehmen und diese anzeigen lassen oder aber mit unterschiedlichen Gegenständen experimentieren, die alle dieselbe Farbe haben, um zu erfahren, wie ein Pferd das Kriterium „Gleiches zu Gleichem" verinnerlicht hat.

Trainingsaufbau

Wir brauchen zunächst drei identische Paare (z. B. Schaumstoffwürfel, Plüschtiere, Eimer) in drei verschiedenen Farben. Blau und Gelb eigenen sich für den Anfang besonders gut, da der Unterschied dieser beiden Farben vom Pferd sehr intensiv wahrgenommen wird, später können wir diese Anzahl beliebig ausweiten.

Zu Beginn verwendet man einen einzelnen Würfel, um das Anzeigen zu trainieren, bevor man andere Würfel und andere Farben hinzunimmt. Diese Trainingsphase muss zunächst sicher funktionieren.

1

2

4

3

Das Anzeigen trainieren

Bevor man an das Training der zusammengehörigen Paare denken kann, müssen wir dem Pferd nahebringen, wie es uns seine Lösung anzeigen soll. Dazu soll es lernen, den Gegenstand anzustupsen, also mit der Nase zu berühren, ohne ihn zu verschieben, herumzuschleudern oder ins Maul zu nehmen. Zu diesem Zweck stellen wir uns unseren Gegenstand, in diesem Falle den ersten Würfel der ersten Farbe Gelb, als ein klassisches Target vor. Wir halten den Würfel in die Nähe der Pferdenase, loben und belohnen, wenn die neugierige Pferdenase ihn berührt. Nach und nach verändern wir die Position des Würfels, belohnen weiterhin immer das Berühren mit der Nase. Wir belohnen niemals andersartige Beschäftigungen mit dem Würfel. Folgt das Pferd dem Würfel in unserer Hand zuverlässig mit seinem Kopf in alle Richtungen, so können wir ihn vor uns auf den Boden legen. Wieder belohnen wir das Berühren des Würfels, ändern schrittweise seine Position auf dem Boden und werfen ihn nach und nach sogar ein wenig zur Seite, sodass das Pferd sich bewegen muss, um zu ihm zu gelangen. Folgt das Pferd dem Würfel nach diversen Wiederholungen zielstrebig und sicher auch über weitere Strecken, so können wir zur nächsten Trainingsphase übergehen.

1 Als Signalreiz dient ein identischer Würfel in der anzuzeigenden Farbe.

2 Die Distanz zu den am Boden liegenden Würfeln sollte nicht zu groß gewählt werden. Zwei bis drei Meter genügen für den Anfang vollkommen.

3 Das Pferd braucht als sofortige Rückmeldung die Belohnung, wenn es den „richtigen" Würfel angezeigt hat.

4 Das Anzeigen derselben Farbe wird zunächst oft wiederholt, ohne den Übungsaufbau großartig zu verändern.

Beispielreiz als Signal einführen

In der nächsten Lernphase soll das Pferd verstehen, dass es nicht einfach immer spontan hinter dem geworfenen Würfel herlaufen soll, sondern diesen nur aufsuchen darf, wenn ihm zuvor das Signal in Form des dazugehörigen identischen Beispielwürfels präsentiert wurde. Der Zielreiz (wissenschaftlich auch mit Target stimulus bezeichnet) soll für das Pferd nun von einem Beispielreiz (wissenschaftliche Bezeichnung Sample stimulus) angekündigt werden. Zunächst soll Harry also lernen, den gelben Würfel nur dann zu berühren, wenn ich ihm den zweiten gelben Würfel in meiner Hand als Zeichen anzeige. Wir führen unser neues Signal mit dem Beispielreiz erst ein, wenn das vorher erlernte Verhalten bereits konstant und sicher ausgeführt wird.

Hat das Pferd also die erste Phase erfolgreich abgeschlossen, so können wir immer dann, wenn es im Begriff ist, sich in Bewegung zum liegenden Würfel zu begeben, den Beispielwürfel als neues Zeichen hochhalten. Nach und nach belohnen wir nur noch, wenn das Pferd auf das Zeichen gewartet hat. Wir belohnen zwischendurch auch immer wieder das ruhige Stehen und Abwarten neben uns.

Es wird also durch das Zeigen des Beispielwürfels erst dazu aufgefordert, den Zielwürfel anzuzeigen.

Das Erkennen der Farbe

Jetzt erst lernt das Pferd das eigentliche „match to sample“, wonach es uns den erwünschten Gegenstand zuverlässig aus einer Vielzahl anderer Objekte anzeigt. Harry soll also auf mein Signal „Beispielwürfel gelb“ den gelben Zielwürfel berühren, auch wenn weitere andersfarbige Würfel zur Auswahl stehen. In diesem Arbeitsschritt stellen wir uns unseren gelben Zielwürfel als ein „hot“ Target vor, ein ganz spezielles Zielobjekt also, welches die höchste Anziehungskraft besitzen soll und dessen Berühren im Moment gezielt verstärkt wird. Die andersfarbigen Würfel dienen in dieser Trainingsphase lediglich als Distraktorreize, also als gleichzeitig angebotene Ablenkungsreize, die unser Pferd quasi auf eine falsche Fährte locken sollen.

Einen gelben Würfel zu berühren, wenn nur ein gelber Würfel vorhanden ist, ist eine sehr übersichtliche Aufgabenstellung. Erst durch das Auftauchen anderer Möglichkeiten wird sie komplex. In dieser Arbeitsphase wird vielen Pferden vermutlich auffallen, um welchen Aspekt es geht, in diesem Beispiel also um die Farbe. Vielleicht kennt ihr das Kinderspiel „Ich sehe was, was du nicht siehst“? Auch dabei soll ein Kind etwas in einer bestimmten Farbe aus einer Auswahl an anderen sichtbaren Objekten auswählen und benennen. Wollen wir dem Pferd die Farbunterscheidung näherbringen, so sollten wir die Ablenkungsreize eher im Hintergrund belassen und unseren gelben Zielwürfel in der nächstmöglichen Position platzieren. So sinkt die Wahr-

Nach und nach wird die Entfernung erhöht oder die Anordnung der Farben zueinander angepasst.

RICHTIG BELOHNEN

Wichtig! Wenn das Pferd einen Fehler macht, loben und belohnen wir natürlich nicht. Darüber hinaus ist es aber ebenso wichtig, möglichst gleich einen neuen Versuch zu starten. Sonst kann es schnell passieren, dass unser Pferd, wenn es einen Fehler macht und sich dann, weil es nicht gelobt wurde, als Zweites dem richtigen Objekt zuwendet. Wenn dessen Berührung zum Lob und zur Belohnung führt, so wird das Pferd lernen, einfach ohne vorher nachzudenken, herumprobieren, bis irgendwann als Zufallstreffer das richtige Objekt berührt wird. Das wollen wir nicht erreichen.

scheinlichkeit, dass unser Pferd vorerst den nächstbesten Würfel aufsucht und frustrierende Misserfolge erleben muss. Wir legen also für einige Übungsrunden unseren gelben Würfel auf verschiedene Positionen, aber immer möglichst nahe zum Pferd, und tauschen die Positionen der andersfarbigen Würfel laufend durch. Wir dürfen hier aber unseren „Versuchsaufbau" nicht unnötig schwer gestalten, sondern sollten mit der von uns gewählten Anordnung möglichst viele kleine Erfolgsmomente garantieren.

Farben tauschen

Erst wenn in Anwesenheit der andersfarbigen Würfel weiterhin der gelbe Würfel sicher ausgewählt wird, tauschen wir alle Farben miteinander und legen auch mal eine andere Farbe näher ans Pferd. So erhöhen wir den Schwierigkeitsgrad oder ändern die Anordnung der Würfel zueinander, z. B. von einer Reihe zu einem Dreieck. Kleiner Tipp: Die Anordnung der liegenden Würfel kann man am einfachsten für den nächsten Durchgang verändern, wenn wir das Pferd mit dem Leckerli ein paar Schritte zurückführen und es so quasi wieder in eine Ausgangsposition auf Abstand zu den Würfeln bringen. Das Spiel wurde vom Pferd verstanden, wenn es auch aus dieser Auswahl den richtigen Würfel wählt, wenn viele weitere Farbmöglichkeiten vorhanden sind.

Unterscheidungsaufgaben stressarm meistern

Aufgaben wie diese Farbunterscheidungen sind wesentlich komplexer als es zunächst den Anschein hat. Um ein Pferd nicht zu überfordern, ist es sinnvoll, sich klare Zwischenschritte zu überlegen und mit vielen Pausen zu arbeiten. Wann immer ein Aufgabenteil noch nicht wirklich verstanden wurde, sollte man zu einer Vorstufe zurückkehren. Wir behalten bei dieser auch für uns schon sehr anspruchsvollen Aufgabe am ehesten den Überblick, wenn wir immer nur kleine überschaubare Sessions einlegen, beispielsweise pro Runde nur vier Wiederholungen wählen.

Nach jeder Runde macht man eine Pause und dokumentiert möglichst auch die Anzahl der „richtigen“ gegenüber der „falschen“ Durchgänge. Nur wenn die Quote 3 : 1 oder 4 : 0, also im Idealfall kein oder nur allerhöchstens ein einziger Fehler pro Durchgang passiert, steigern wir den Schwierigkeitsgrad und fahren mit der nächsten Phase fort. Diese intellektuelle Höchstleistung dürfen wir unserem Pferd nur in kleinen Dosen abverlangen und zu viel Enthusiasmus führt nur zu vermeintlichen Flüchtigkeitsfehlern oder – viel schlimmer – unbemerkt zu einer unnötigen Überforderung.

Beispielübung: Schnüffelteppich

Eine Welt voller Gerüche und Leckerlis. Pferde sind von Natur aus neugierige und sensible Wesen, die ihre Umwelt mit allen Sinnen erkunden. Während wir oft ihre körperlichen Fähigkeiten fördern, wird häufig ihr Geruchssinn im Training vernachlässigt. Dabei ist er ein Tor zu einer faszinierenden Welt – eine Welt, die wir mithilfe von Schnüffelteppichen und Leckerlis öffnen können.

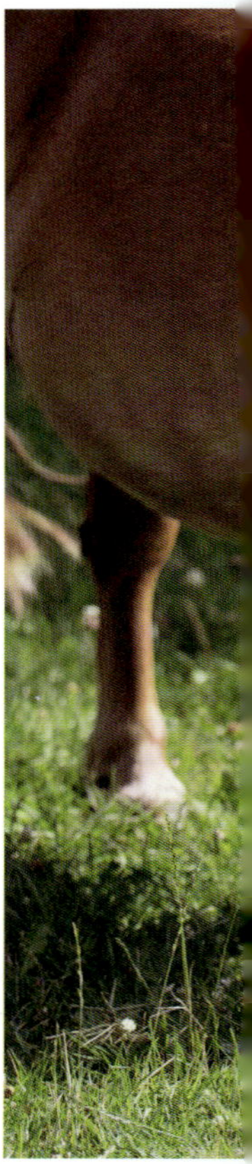

Was ist ein Schnüffelteppich?

Ein Schnüffelteppich ist eine Art Spielzeug, das speziell dafür entwickelt wurde, den Geruchssinn und die natürliche Neugier des Pferdes zu fördern. Er besteht aus robustem Material, das mit kleinen Taschen, Fransen oder Schlaufen versehen ist, in denen Leckerlis versteckt werden können. Das Pferd muss mit seiner Nase und seinen Lippen die Leckerlis herausarbeiten – eine Aufgabe, die nicht nur Spaß macht, sondern auch Köpfchen erfordert.

1 Wenn das Pferd in Anwesenheit des Menschen Futter findet, assoziiert es positive Gefühle.

2 Die kleinen Leckerlis sind zwischen den Falten im Schnüffelteppich versteckt. So können sie erst durch genaues Untersuchen gefunden werden.

2

DIE VORTEILE DES SCHNÜFFELTEPPICHS

Mentale Stimulation Das Pferd wird geistig gefordert und bleibt beschäftigt.

Stressabbau Die konzentrierte Suche nach Leckerlis wirkt beruhigend und kann Ängste reduzieren.

Förderung des Geruchssinns Das Pferd nutzt seinen Instinkt, um die Leckerlis zu finden.

Beschäftigung bei Boxenruhe Schnüffelteppiche sind ideal für Pferde, die aufgrund von Verletzungen oder Krankheiten ruhen müssen.

Trainingsplan für den Einsatz
Ein erfolgreiches Training mit Schnüffelteppichen erfordert Geduld, klare Strukturen und eine schrittweise Herangehensweise. Hier ist ein beispielhafter Trainingsplan, der über mehrere Wochen hinweg umgesetzt werden kann.

Woche 1
Einführung in den Schnüffelteppich
Material Schnüffelteppich, Leckerlis
Ziel Das Pferd lernt den Schnüffelteppich kennen und darin nach Leckerlis zu suchen.
Ablauf Breite den Schnüffelteppich aus und verstecke einige Leckerlis darin. Führe das Pferd zum Teppich und ermutige es, die Leckerlis zu suchen. Wiederhole diesen Schritt mehrfach in der ersten Woche.

Woche 2
Erhöhung der Schwierigkeit
Material Schnüffelteppich, Leckerli, zusätzliche Materialien wie Bälle oder Tücher
Ziel Das Pferd sucht nach Leckerli in einem komplexeren Umfeld.
Ablauf Lege den Schnüffelteppich in eine Umgebung mit Hindernissen, z. B. auf eine Plane oder unter eine Decke.
Verstecke die Leckerli an schwieriger zugänglichen Stellen im Teppich.
Lasse das Pferd selbstständig nach den Leckerlis suchen und begleite es dabei.

Woche 4
Integration in den Alltag
Material Schnüffelteppich, Leckerli
Ziel Das Pferd nutzt den Schnüffelteppich regelmäßig als Beschäftigungsmöglichkeit und kann es zur Stressregulation nutzen.
Ablauf Integriere den Schnüffelteppich in den täglichen Ablauf, z. B. während der Boxenruhe oder am Putzplatz.
Variiere die Art und Anzahl der Leckerli, um das Interesse des Pferdes zu erhalten.
Nutze den Schnüffelteppich, um das Pferd in potenziell stressigen Situationen zu unterstützen wie beim Verladetraining mit Pferdeanhänger. Dabei lernt das Pferd, z. B. die Scheu vor der Rampe zu verlieren.

Das Pferd braucht möglichst viele Bewegungsanreize in der Gruppe, um mental und körperlich gesund zu bleiben.

Care Factor Nr. 9

STRESSABBAU DURCH GEZIELTE BEWEGUNG

Pferde sind von Natur aus Bewegungstiere. In freier Wildbahn legen sie täglich viele Kilometer zurück, um Nahrung und Wasser zu finden, vor Raubtieren zu fliehen und soziale Kontakte zu pflegen. Ihr gesamter Körper – von den Muskeln über die Gelenke bis hin zum Herz-Kreislauf-System – ist auf regelmäßige Bewegung ausgelegt. In der modernen Pferdehaltung wird dieses natürliche Bedürfnis jedoch oft vernachlässigt. Viele Pferde verbringen den Großteil des Tages in der Box oder auf begrenzten Flächen, was zu Bewegungsmangel und damit einhergehendem Stress führen kann.

WIE BEWEGUNG STRESS ABBAUT

Bewegung hat eine direkte und nachhaltige Wirkung auf das Stresslevel des Pferdes. Hier sind einige der wichtigsten Mechanismen, durch die Bewegung Stress abbaut:

Ausschüttung von Endorphinen Bewegung stimuliert die Produktion von Endorphinen, den sogenannten „Glückshormonen“. Diese Hormone wirken stressreduzierend und sorgen für ein Gefühl von Wohlbefinden und Entspannung.

Abbau von Stresshormonen Körperliche Aktivität hilft, Stresshormone wie Cortisol abzubauen. Durch Bewegung wird der Stoffwechsel angeregt, und der Körper kann überschüssige Hormone schneller abbauen.

Verbesserung der Durchblutung Bewegung fördert die Durchblutung und versorgt den Körper mit Sauerstoff und Nährstoffen. Dies unterstützt nicht nur die körperliche Regeneration, sondern auch die Funktion des Nervensystems.

Mentale Auslastung Bewegung bietet Abwechslung und Beschäftigung, die das Pferd mental auslasten. Ein ausgelastetes Pferd ist weniger gestresst und weniger anfällig für Langeweile oder Frustration.

Soziale Interaktion Bewegung in der Gruppe, z. B. auf der Weide oder im Auslauf, fördert die sozialen Bindungen und reduziert Stress, der durch soziale Spannungen entstehen kann.

Bewegungen, die Stress abbauen

Nicht jede Art von Bewegung ist gleich effektiv, wenn es darum geht, Stress abzubauen. Es kommt darauf an, die richtige Balance zwischen körperlicher Anstrengung, mentaler Auslastung und Entspannung zu finden. Hier sind einige bewährte Methoden:

Freie Bewegung auf der Weide

Die natürlichste und effektivste Form der Bewegung ist das freie Laufen auf der Weide. Hier kann das Pferd seinem natürlichen Verhalten nachgehen, grasen, spielen, galoppieren und soziale Kontakte pflegen. Freie Bewegung ist besonders stressabbauend, da sie dem Pferd die Kontrolle über sein Tempo und seine Aktivitäten gibt.

Longieren oder Freilaufen

Longieren oder das Freilaufen in einer Halle oder auf einem Platz bietet eine gute Möglichkeit, das Pferd gezielt zu bewegen, ohne es zu reiten. Diese Methode eignet sich besonders, um Energie abzubauen und das Pferd mental zu beschäftigen. Wichtig ist, das Pferd dabei nicht zu überfordern.

1

2

1 Gesunderhaltende Arbeit an der Hand orientiert sich an der Biomechanik des Pferdes.

2 Gemeinsam in der Natur bewegen, stärkt die Bindung und fördert das Selbstbewusstsein des Pferdes.

Ausritte und Geländetraining
Ausritte ins Gelände bieten Abwechslung und neue Reize, die das Pferd mental anregen. Die Bewegung in der Natur wirkt beruhigend und stressreduzierend, besonders wenn das Pferd in einem ruhigen Tempo gearbeitet wird.

Bodenarbeit
Bodenarbeit ist eine hervorragende Möglichkeit, das Pferd körperlich und mental zu fördern. Durch gezielte Übungen wie Zirkuslektionen, Stangenarbeit oder Handarbeit kann das Pferd neue Fertigkeiten erlernen und gleichzeitig Vertrauen und Bindung zum Menschen aufbauen.

Spielerische Bewegung
Spielerische Elemente wie Bälle, Hindernisse oder Suchspiele können die Bewegung abwechslungsreich und spannend gestalten. Diese fördern die Neugier und Freude des Pferdes und helfen, Stress abzubauen.

Massagen und Dehnübungen
Auch sanfte Bewegungen wie Massagen oder Dehnübungen können

Das Training von Zirkuslektionen fördert sowohl die kognitiven Fähigkeiten des Pferdes wie auch seine Koordination und Beweglichkeit.

stressabbauend wirken. Sie fördern die Entspannung und helfen, Verspannungen zu lösen.

Tipps für stressreduzierende Bewegungen

Regelmäßigkeit Bewegung sollte regelmäßig und kontinuierlich stattfinden. Kurze, tägliche Einheiten sind effektiver als seltene, intensive Trainingseinheiten.
Abwechslung ist wichtig, um das Pferd mental zu stimulieren und Langeweile zu vermeiden.
Variiere die Art der Bewegung und die Umgebung, in der sie stattfindet.
Individuelle Anpassung: Jedes Pferd ist anders. Passe die Art und Intensität der Bewegung an die Bedürfnisse, das Alter und das Fitnesslevel deines Pferdes an.

Entspannung einbauen: Achte darauf, dass die Bewegungseinheiten auch Phasen der Entspannung enthalten. Ein ruhiger Ausritt oder eine gemütliche Schrittphase nach dem Training helfen dem Pferd, sich zu erholen.

BEWEGUNG FÖRDERN

Bewegung ist nicht nur wichtig für die körperliche Gesundheit, sondern auch für das psychische Wohlbefinden des Pferdes. Sie hilft, Stress abzubauen, Energie zu kanalisieren und das Pferd mental auszulasten. Ein Pferd, das sich ausreichend bewegen kann, ist ausgeglichener, zufriedener und weniger anfällig für Verhaltensprobleme.

Care Factor Nr. 10

BEZIEHUNGSTRAINING FÜR EINE STARKE BINDUNG

Die Beziehung zwischen Mensch und Pferd ist etwas ganz Besonderes. Sie basiert nicht auf Dominanz oder Unterwerfung, sondern auf Vertrauen, Respekt und einer tiefen Verbindung, die oft als „unsichtbares Band" bezeichnet wird. Dieses Band entsteht nicht von allein – es erfordert Zeit, Geduld und gezieltes Beziehungstraining. Ein starkes unsichtbares Band zum Pferd ist die Grundlage für eine harmonische Partnerschaft, sei es im täglichen Umgang, beim Training oder auf dem Turnier.

Grundlagen des Beziehungstrainings

Beziehungstraining basiert auf einigen grundlegenden Prinzipien, die die Basis für eine starke Partnerschaft bilden:
Vertrauen aufbauen: Vertrauen ist die Grundlage jeder Beziehung. Ein Pferd muss darauf vertrauen können, dass sein Mensch fair, konsequent und verlässlich ist. Vertrauen entsteht durch positive Erfahrungen, Geduld und Respekt.

Damit das Pferd die Bodenarbeit mit etwas Positivem verbindet, ist das ehrliche Lob entscheidend.

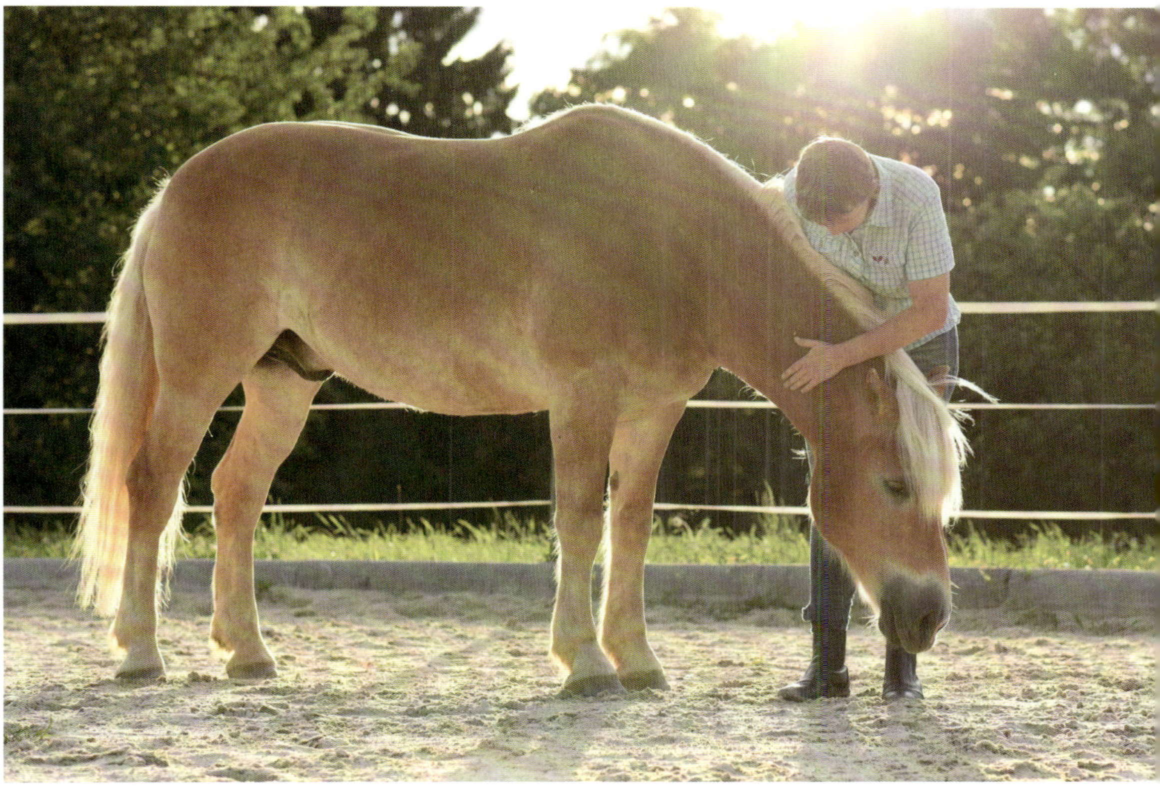

Respekt zeigen: Respekt bedeutet, die Bedürfnisse und Grenzen des Pferdes zu akzeptieren und es nicht zu überfordern. Ein respektvoller Umgang schafft eine sichere und vertrauensvolle Umgebung.
Klare Kommunikation: Pferde sind Meister der nonverbalen Kommunikation. Um effektiv mit deinem Pferd zu kommunizieren, musst du lernen, seine Signale zu verstehen und selbst klar und eindeutig zu sein.
Geduld und Konsequenz: Beziehungstraining erfordert Geduld und Konsequenz. Es geht darum, kleine Schritte zu machen und das Pferd nicht zu überfordern. Konsequenz bedeutet, fair und für das Pferd vorhersehbar zu agieren, ohne hart oder ungerecht zu handeln.

Praktische Übungen für das Beziehungstraining

Es gibt viele Übungen und Methoden, um das unsichtbare Band zu stärken. Hier sind einige bewährte Ansätze:

Bodenarbeit

Bodenarbeit ist eine der effektivsten Methoden, um Vertrauen und Kommunikation aufzubauen. Durch gezielte Übungen wie Führtraining, Stangenarbeit oder Zirkuslektionen lernst du, dein Pferd ohne Zwang zu führen und zu motivieren. Bodenarbeit fördert die Aufmerksamkeit, die Kooperation und das gegenseitige Verständnis.

1

Handling und Berührungen

Regelmäßiges achtsames Handling wie Putzen, Streicheln oder Massieren fördert die Beziehung und das Vertrauen. Achte darauf, dass dein Pferd die Berührungen genießt und sich entspannt.

Spielerische Übungen

Spielerische Elemente wie Suchspiele, Hindernisse oder Bälle können die Beziehung auflockern und Spaß in das Training bringen. Sie fördern die Neugier und die Freude des Pferdes.

Gezieltes Gelassenheitstraining

Gelassenheitstraining hilft, das Pferd an ungewohnte Situationen und Reize zu gewöhnen. Durch gezielte Desensibilisierung lernt das Pferd, ruhig und vertrauensvoll zu bleiben, auch in stressigen Situationen.

1 Geduld und eine klare Hilfengebung helfen dem Pferd, die Absichten des Menschen zu verstehen.

2 Kommuniziert der Mensch über eine klare und ruhige Körpersprache, so interagiert das Pferd in der Bodenarbeit gelassen und doch aufmerksam.

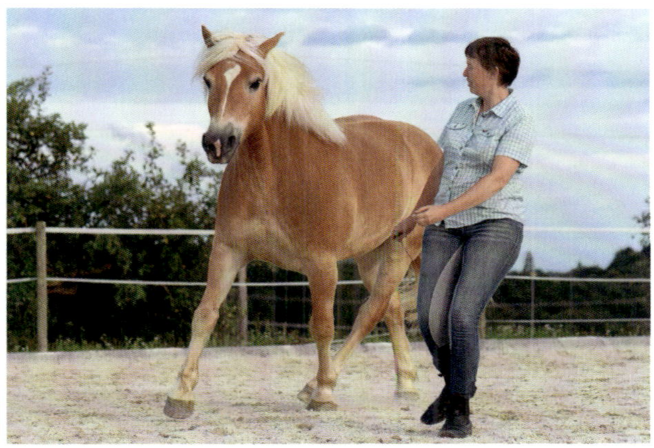

2

Zeit investieren
Eine starke Beziehung entsteht nicht über Nacht. Nimm dir Zeit, um dein Pferd kennenzulernen und die Übungen regelmäßig zu praktizieren.

Positive Verstärkung
Belohne dein Pferd für erwünschtes Verhalten, z. B. durch Leckerlis, Streicheleinheiten oder eine Pause. Positive Verstärkung motiviert das Pferd und stärkt die Bindung.

Feinfühlig sein
Achte auf die Signale deines Pferdes und reagiere angemessen. Feinfühligkeit zeigt dem Pferd, dass du seine Bedürfnisse ernst nimmst.

Geduldig sein
Jedes Pferd ist anders und lernt in seinem eigenen Tempo. Sei geduldig und akzeptiere Rückschritte als Teil des Prozesses.

Spaß haben
Beziehungstraining soll Freude machen – sowohl für dich als auch für dein Pferd. Schaffe eine positive und entspannte Atmosphäre, in der ihr beide euch wohlfühlt.

Challenge Pferdepflege

Hast du dir schon einmal Gedanken darüber gemacht, ob dein Pferd wirklich gerne gebürstet wird? Steht es gelassen still, wenn du es mit Fliegenmittel einsprühst? Überlässt es dir vertrauensvoll seine Hufe? Und würde das alles auch funktionieren, wenn dein Pferd frei ist?

Freiwilligkeit

Meine kleine Challenge zur Freiwilligkeit in der Pferdepflege dient dazu, sich einen Überblick zu verschaffen und zu verstehen, was das Pferd mag und was es nicht mag. Hier können wir ein direktes Feedback bekommen: Bleibt das Pferd stehen, obwohl es mit der Prozedur nicht einverstanden ist? Oder hält es einfach nur still, weil es gelernt hat, dass es keinerlei Mitspracherecht hat?

Selbstbestimmung

Ein riesiger Resilienzfaktor ist die Selbstbestimmung. Und das wiederum kann man dem Pferd in solchen Settings, in denen es auch Nein sagen darf, demonstrieren. Es darf dabei nicht gemaßregelt werden oder negative Konsequenzen befürchten. Es geht hier um das Verstehen des Pferdes und die Erkenntnisgewinnung, welche Handgriffe eventuell besser geübt werden müssen. Was lässt sich das Pferd überhaupt und wie schmackhaft machen? Im Folgenden beschreibe ich eine Abfolge für den Start. Der Fantasie sind keine Grenzen gesetzt, mit welchen alltäglichen Aufgaben wir testen wollen, wie das Pferd dazu steht.

Offene Fragen

Du fragst: „Kannst du, liebes Pferd, entspannt stehen bleiben, wenn ich seltsame Dinge von dir möchte?" Das alles üben wir in einem sicheren Umfeld, also in einem umzäunten Bereich. Bei diesen Fragen an das Pferd geht es auch darum, ob wir bereit sind, den Ergebnissen unserer Beobachtungen ehrlich ins Auge zu sehen. Wir müssen bereit sein anzuerkennen, dass das eigene Pferd eventuell in bestimmten Situationen Stress hat und es bisher von uns dabei nicht ausreichend begleitet wurde.

1.

Das Pony steht frei am Putzplatz. Wir testen, ob es die Berührungen mit unterschiedlichen Bürsten genießt oder ob ihm die eine oder andere Berührung eventuell unangenehm ist.

2.

Beim Hufeauskratzen gelassen zu bleiben, ist die Basis. Hier sehen wir die Steigerungsform mit der Entsorgung des Drecks direkt in den Sammler.

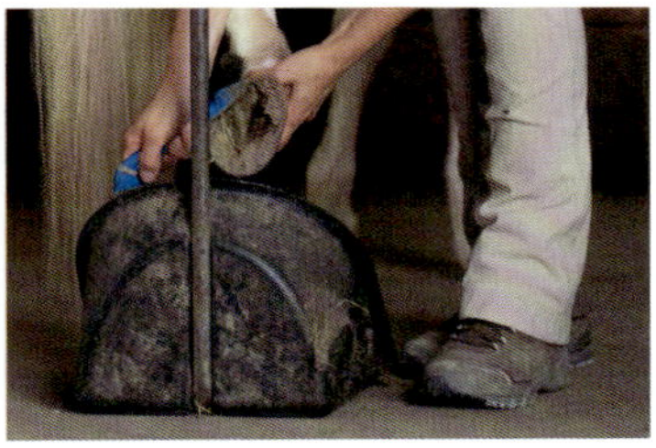

3.

Jeder Handgriff sollte auf beiden Seiten durchgeführt werden, da viele Pferde mit Berührungen oder der Annäherung von Gegenständen auf einer Seite anders reagieren als auf der anderen.

4.

Das Einsprühen mit der Spraydose ist für viele Pferde eine große Herausforderung. Es muss liebevoll über Belohnungen geübt werden, bis das Pferd während der Prozedur gelassen stehen bleibt. Gerade bei dieser Frage an das Pferd merken viele Menschen, dass sie ihr Pferd noch nie gefragt haben bzw. ein „Nein" eh nicht akzeptiert haben.

5.

Das Pony wird beim Einsprühen umrundet. Es ruht mit dem linken Hinterbein und nimmt die Situation gelassen hin. Dabei horcht es nach hinten, um das Geräusch einzuordnen.

Beispielübung: Medical Training beim Pferd

Tierärztliche Behandlungen sind für viele Pferde eine stressige Angelegenheit. Ob Impfungen, Wundversorgung, Zahnbehandlungen oder Blutabnahmen – die ungewohnten Situationen, Geräte und Berührungen können bei Pferden Angst, Unruhe und sogar Abwehrreaktionen auslösen. Dies erschwert nicht nur die Arbeit des Tierarztes, sondern kann auch das Vertrauen zwischen Pferd und Besitzer beeinträchtigen. Medical Training, auch bekannt als medizinisches Training, ist eine effektive Methode, um Pferde stressfrei und kooperativ an tierärztliche Behandlungen zu gewöhnen.

Medical Training ist eine Form des gezielten Trainings, bei der Pferde schrittweise und positiv an medizinische Prozeduren gewöhnt werden. Das Ziel ist es, dem Pferd die Angst vor ungewohnten Situationen zu nehmen und es dazu zu bringen, freiwillig und entspannt mitzuarbeiten. Durch gezielte Übungen lernt das Pferd, dass tierärztliche Behandlungen keine Bedrohung darstellen, sondern Teil einer positiven und vertrauensvollen Interaktion sind.

Grundlagen des Medical Trainings

Medical Training basiert auf den Prinzipien des positiven Verstärkungstrainings. Es geht darum, das Pferd schrittweise und stressfrei an die gewünschten Handlungen zu gewöhnen. Hier sind die wichtigsten Grundlagen:

Erwünschtes Verhalten gezielt fördern: Belohne das Pferd für erwünschtes Verhalten, z. B. durch Leckerlis, Streicheleinheiten oder verbales Lob. Positive Verstärkung motiviert das Pferd und schafft eine positive Assoziation mit der Übung.

Schrittweises Vorgehen: Teile die gewünschte Handlung in kleine, überschaubare Schritte auf. Beginne mit einfachen Übungen und steigere den Schwierigkeitsgrad langsam.

1

1 Das Einsprühen mit Fliegenspray wird zunächst mit Wasser geübt und engmaschig belohnt. Dazu sprüht man zunächst neben dem Pferd und erst wenn das funktioniert in Richtung des Pferdekörpers.

WARUM IST MEDICAL TRAINING WICHTIG?

Medical Training bietet zahlreiche Vorteile für Pferd, Besitzer und Tierarzt.

Stressreduktion Ein Pferd, das an medizinische Prozeduren gewöhnt ist, bleibt ruhig und entspannt. Dies reduziert den Stress für das Pferd und erleichtert die Arbeit des Tierarztes.

Sicherheit Ein kooperatives Pferd ist weniger anfällig für Abwehrreaktionen wie Treten, Beißen oder Wegziehen. Dies erhöht die Sicherheit für alle Beteiligten.

Effizienz Behandlungen können schneller und präziser durchgeführt werden, wenn das Pferd ruhig und kooperativ ist. Dies spart Zeit und reduziert das Risiko von Komplikationen.

Vertrauen stärken Medical Training stärkt die Bindung zwischen Pferd und Besitzer. Das Pferd lernt, dass es sich auf seinen Menschen verlassen kann, auch in ungewohnten Situationen.

Langfristige Vorteile Ein Pferd, das frühzeitig an Medical Training gewöhnt wird, bleibt auch im Alter oder bei ernsthaften Erkrankungen kooperativ und entspannt.

Geduld und Konsequenz: Medical Training erfordert Geduld und Konsequenz. Jedes Pferd lernt in seinem eigenen Tempo, und Rückschritte sind Teil des Prozesses.
Klare Kommunikation: Achte auf die Signale deines Pferdes und reagiere angemessen. Klare und eindeutige Kommunikation hilft dem Pferd, die Übungen zu verstehen.

3

2

2 Die Gabe einer Wurmkur kann mit einer mit Apfelmus gefüllten Maulspritze geübt werden. So lernt das Pferd diese freiwillig anzunehmen. Natürlich muss oft genug mit leckerem Inhalt weitergeübt werden, damit das Pferd das Vertrauen nicht verliert.

3 Auch das Tragen des Inhalationsgerätes ist ein mögliches Trainingselement im Medical Training. Einmal daran gewöhnt, bereitet das Anlegen der Maske im Falle eines Falles dann keine Probleme mehr.

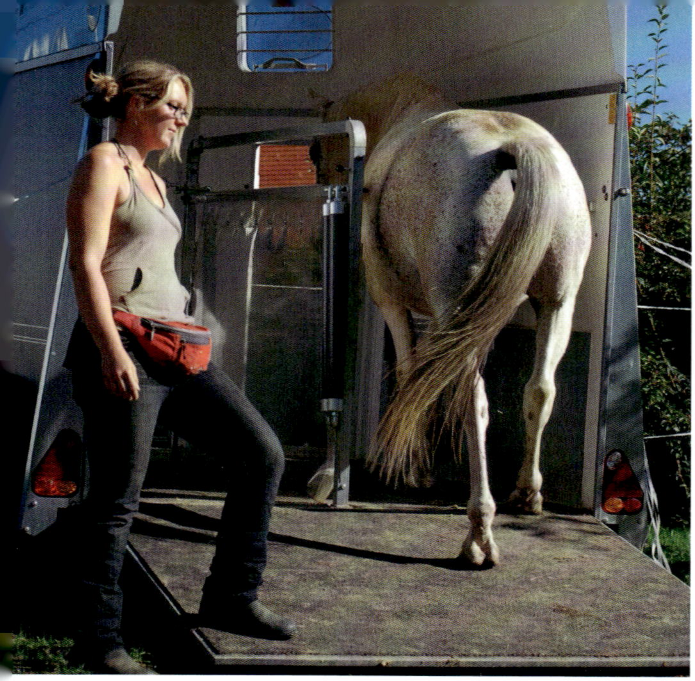

1

2

1 Ziel ist es, dass ein Pferd den Pferdeanhänger freiwillig betritt.

2 Auch das Sichern im Hänger sollte dann keinen Stress mehr erzeugen.

Praktische Übungen für das Medical Training

Hier sind einige Beispiele für Übungen, die du im Rahmen des Medical Trainings durchführen kannst:
Berührungen akzeptieren: Gewöhne dein Pferd daran, an allen Körperstellen berührt zu werden. Beginne mit vertrauten Bereichen wie dem Hals oder der Schulter und arbeite dich langsam zu sensibleren Stellen wie den Beinen, dem Maul oder den Ohren vor. Belohne das Pferd für ruhiges Stehenbleiben.
Spritzen akzeptieren: Simuliere eine Spritze, indem du das Pferd zunächst nur mit dem Finger an der gewünschten Stelle berührst. Steigere dies langsam zu einem leichten Druck und schließlich zur Verwendung einer stumpfen Übungsspritze. Belohne das Pferd für ruhiges Verhalten.
Maul öffnen für Zahnbehandlungen: Gewöhne dein Pferd daran, sein Maul öffnen zu lassen. Beginne damit, die Lippen anzuheben und belohne das Pferd für Kooperation. Steigere dies langsam zum Öffnen des Mauls und zur Berührung der Zähne.
Hufe geben und halten: Übe das Heben und Halten der Hufe, beginnend mit kurzen Intervallen und steigernd zu längeren Zeiträumen. Belohne das Pferd für ruhiges Stehenbleiben.
Stethoskop und anderes Equipment: Gewöhne dein Pferd an die Berührung mit medizinischen Geräten wie einem Stethoskop oder einem Fieberthermometer. Beginne mit der bloßen Berührung und steigere dies langsam zur Verwendung des Geräts.
Transport und Anhängerfahren: Gewöhne dein Pferd an den Transport und das Verladen in einen Anhänger. Übe das Betreten und Verlassen des Anhängers und belohne das Pferd für Kooperation.

Tipps für ein erfolgreiches Medical Training

Regelmäßigkeit: Übe regelmäßig, auch wenn keine tierärztliche Behandlung ansteht. Dies hilft dem

Pferd, die Übungen zu verinnerlichen und ruhig zu bleiben.
Positive Atmosphäre: Schaffe eine entspannte und positive Atmosphäre während des Trainings. Vermeide Druck oder Strafe, da dies das Vertrauen des Pferdes untergraben kann.
Individuelle Anpassung: Passe das Training an die Bedürfnisse und das Tempo deines Pferdes an. Jedes Pferd ist anders und benötigt individuelle Herangehensweisen.
Professionelle Unterstützung: Bei Unsicherheiten oder schwierigen Situationen kann die Unterstützung eines erfahrenen Trainers oder Tierarztes hilfreich sein.
Medical Training ist eine wertvolle Methode, um Pferde stressfrei und kooperativ an tierärztliche Behandlungen zu gewöhnen. Durch gezielte Übungen und positive Verstärkung kannst du das Vertrauen deines Pferdes stärken und ihm die Angst vor ungewohnten Situationen nehmen. Dies erleichtert nicht nur die Arbeit des Tierarztes, sondern fördert auch die Sicherheit, das Wohlbefinden und die langfristige Gesundheit deines Pferdes. Investiere Zeit und Geduld in das Medical Training – es wird sich auszahlen in Form einer stressfreien und harmonischen Partnerschaft zwischen dir, deinem Pferd und deinem Tierarzt. Denn ein kooperatives und entspanntes Pferd ist nicht nur gesünder, sondern auch ein glücklicherer Partner für alle Herausforderungen des Lebens. Auch das Sichern im Hänger sollte dann keinen Stress mehr erzeugen.

BEZIEHUNG VERTIEFEN

Beziehungstraining ist der Schlüssel, um das unsichtbare Band zu stärken. Es geht darum, die Bedürfnisse und die Persönlichkeit des Pferdes zu verstehen, eine klare und faire Kommunikation aufzubauen und eine vertrauensvolle Basis zu schaffen. Ein Pferd, das sich verstanden und respektiert fühlt, ist motivierter, kooperativer und weniger gestresst. Beziehungstraining fördert nicht nur die Harmonie zwischen Mensch und Pferd, sondern auch die Sicherheit und die Leistungsfähigkeit des Pferdes.

Ein Pferd, das dem Menschen vertraut, ist im Umgang unkompliziert.

DU UND DEIN PFERD

EIN RESILIENTES PFERD-MENSCH-TEAM

Resiliente Menschen zeichnen sich durch eine positive Einstellung, emotionale Stabilität, Flexibilität und Problemlösungsfähigkeiten aus.

Pferdemenschen stärken

Ein resilienter Mensch ist nicht nur in der Lage, Herausforderungen und Rückschläge besser zu bewältigen, sondern bietet dem Pferd auch eine stabilere, sicherere und vertrauensvollere Partnerschaft. Doch warum ist das so? Und wie wirkt sich die Resilienz des Menschen konkret auf das Pferd aus?

WAS MACHT EINEN RESILIENTEN MENSCHEN AUS?

Resilienz ist die Fähigkeit, schwierige Situationen, Stress und Rückschläge zu bewältigen, ohne daran zu zerbrechen. Resiliente Menschen zeichnen sich durch eine positive Einstellung, emotionale Stabilität, Flexibilität und Problemlösungsfähigkeiten aus. Sie sind in der Lage, sich schnell von Misserfolgen zu erholen und aus Herausforderungen zu lernen.
Diese Eigenschaften sind nicht nur im menschlichen Alltag von Vorteil, sondern auch in der Interaktion mit Pferden. Pferde sind Herdentiere, die auf klare und eindeutige Signale und Botschaften des Menschen, Vertrauen und emotionale Stabilität angewiesen sind. Ein resilienter Mensch kann diese Bedürfnisse besser erfüllen und somit eine harmonischere und effektivere Partnerschaft mit dem Pferd aufbauen.

EIN RESILIENTER MENSCH

Ein resilienter Pferdemensch strahlt Gelassenheit aus, auch wenn mal etwas schiefgeht. Er lässt sich von Rückschlägen nicht entmutigen, sondern sieht sie als Chance zum Lernen. Ob beim Training, im Umgang mit schwierigen Pferden oder bei unvorhergesehenen Situationen, er bleibt geduldig, lösungsorientiert und vertraut auf seine Fähigkeiten.

WAS DU LERNEN KANNST

Ruhe bewahren – Auch in stressigen Momenten hilft ein klarer Kopf.

Flexibilität – Pläne ändern sich, ein resilientes Pferdemensch passt sich an.

Geduld – Entwicklung braucht Zeit, Druck bringt selten Erfolg.

Positives Mindset – Jede Herausforderung macht dich und dein Pferd stärker.

Emotionale Stabilität und Ruhe

Pferde sind äußerst sensibel und nehmen die Stimmungen und Emotionen ihrer menschlichen Partner sehr genau wahr. Sie spüren, wenn ihr Mensch gestresst, ängstlich oder unsicher ist, und reagieren darauf oft mit Unruhe oder Misstrauen. Ein resilienter Mensch ist in der Lage, seine Emotionen zu regulieren und auch in stressigen Situationen ruhig und gelassen zu bleiben.

1

1–2
Hat der Mensch das eigene Stresslevel im Blick, so strahlt er Souveränität und Sicherheit aus. Das kann gerade in potenziell stressbehafteten Settings wie beim Anhängertraining ungemein hilfreich sein.

Diese emotionale Stabilität überträgt sich auf das Pferd und schafft eine Atmosphäre der Sicherheit und des Vertrauens. Ein Pferd, das sich sicher fühlt, ist entspannter, kooperativer und besser in der Lage, seine Aufgaben zu erfüllen. Es kann sich auf den Menschen verlassen und ist bereit, sich auf Herausforderungen einzulassen. Die Klarheit des Menschen wirkt wie ein Anker auf die Stimmung.

Klarheit und positive Führung

Pferde sind Herdentiere und suchen nach einer Führungspersönlichkeit, der sie vertrauen können. Ein resilienter Mensch ist in der Lage, klare und bewusste Signale zu geben, ohne von Unsicherheit oder Zweifeln beeinflusst zu werden. Diese Klarheit hilft dem Pferd, die Erwartungen des Menschen zu verstehen und darauf angemessen zu reagieren.

Resiliente Menschen sind auch besser in der Lage, in schwierigen Situationen die Führung zu übernehmen. Ob es sich um eine unerwartete Situation im Gelände, ein ungewöhnliches Geräusch oder eine plötzliche Veränderung in der Umgebung handelt – ein resilienter Mensch bleibt ruhig und handelt entschlossen. Diese positive Führungsqualität gibt dem Pferd das Gefühl, dass es sich auf seinen Menschen verlassen kann, was das Vertrauen und die Bindung zwischen Mensch und Pferd stärkt.

2

Geduld und Verständnis

Resiliente Menschen zeichnen sich durch Geduld und ein tiefes Verständnis für die Bedürfnisse und Grenzen anderer aus. Sie sind in der Lage, Rückschläge und Misserfolge als Teil des Lernprozesses zu akzeptieren und daraus zu lernen. Diese Geduld ist besonders wichtig in der Arbeit mit Pferden, da jedes Pferd ein Individuum mit eigenen Stärken, Schwächen und Lernfortschritten ist.
Ein resilienter Mensch ist bereit, die Zeit zu investieren, die das Pferd braucht, um neue Fähigkeiten zu erlernen oder Vertrauen aufzubauen.
Er versteht, dass Fortschritte oft langsam und in kleinen Schritten erfolgen, und ist bereit, sich auf diesen Prozess einzulassen. Diese Geduld und das Verständnis schaffen eine positive Lernumgebung, in der das Pferd sich sicher und unterstützt fühlt.

Flexibilität und Anpassungsfähigkeit

Die Arbeit mit Pferden erfordert oft Flexibilität und die Fähigkeit, sich an neue Situationen anzupassen. Pferde sind lebendige Wesen mit eigenen Persönlichkeiten und Bedürfnissen, und nicht immer läuft alles nach Plan. Ein resilienter Mensch ist bereit und in der Lage, sich schnell auf Veränderungen einzustellen und alternative Lösungen zu finden, wenn die ursprünglichen Pläne nicht funktionieren.
Diese Flexibilität ist besonders wichtig in der Ausbildung und im Umgang mit Pferden. Ein resilienter Mensch

1

2

1 Selbstreflexion ist eine Schlüsselfähigkeit resilienter Menschen.

2 Der klare Blick auf das Potenzial des Pferdes und die eigenen Stärken erzeugt ein realisierbares Zielbild vor dem inneren Auge.

ist bereit, seine Herangehensweise anzupassen, um den Bedürfnissen des Pferdes gerecht zu werden. Er ist offen für neue Ideen und Methoden und lässt sich nicht von Rückschlägen entmutigen. Diese Anpassungsfähigkeit ermöglicht es, eine effektive und harmonische Partnerschaft mit dem Pferd aufzubauen.

Positive Einstellung und Motivation

Resiliente Menschen haben eine positive Einstellung und glauben daran, dass sie Herausforderungen bewältigen können. Diese positive Einstellung überträgt sich auf das Pferd und schafft eine motivierende und unterstützende Atmosphäre. Ein Pferd, das spürt, dass sein Mensch optimistisch und zuversichtlich ist, ist eher bereit, sich auf neue Aufgaben einzulassen und sein Bestes zu geben.

Diese positive Einstellung hilft auch, schwierige Situationen zu meistern. Ob es sich um eine anspruchsvolle Trainingseinheit, einen Wettkampf oder eine unerwartete Herausforderung handelt – ein resilienter Mensch bleibt motiviert und gibt nicht auf. Diese Durchhaltefähigkeit und Entschlossenheit inspirieren das Pferd und stärken die gemeinsame Bindung.

Selbstreflexion und kontinuierliche Verbesserung

Resiliente Menschen sind sich ihrer Stärken und Schwächen bewusst und sind bereit, an sich selbst zu arbeiten. Sie reflektieren regelmäßig ihr Verhalten und ihre Entscheidungen und suchen nach Möglichkeiten, sich zu verbessern. Diese Selbstreflexion ist auch in der Arbeit mit Pferden von großer Bedeutung. Dabei lassen sie sich durch Misserfolge nicht entmutigen.

Einem entspannten Menschen mit klarer, ruhiger Körpersprache folgt das Pferd gerne.

Ein resilienter Mensch ist bereit, aus Fehlern zu lernen und seine Herangehensweise anzupassen, um die Bedürfnisse des Pferdes besser zu erfüllen.
Er ist offen für Feedback und bereit, sich weiterzubilden und neue Fähigkeiten zu erlernen. Diese Bereitschaft zur kontinuierlichen Verbesserung stärkt die Partnerschaft mit dem Pferd und ermöglicht es, gemeinsam zu wachsen und sich weiterzuentwickeln.
Ein resilienter Mensch ist für das Pferd ein besserer Partner, weil er

emotionale Stabilität, Klarheit, Geduld, Flexibilität, eine positive Einstellung und die Bereitschaft zur Selbstreflexion mitbringt. Diese Eigenschaften schaffen eine sichere, vertrauensvolle und unterstützende Umgebung, in der das Pferd sich wohlfühlen und sein volles Potenzial entfalten kann. Die Resilienz des Menschen stärkt die Bindung zwischen Mensch und Pferd und ermöglicht es, gemeinsam Herausforderungen zu meistern und eine harmonische und erfüllende Partnerschaft aufzubauen. In einer Welt, die oft von Stress und Unsicherheit geprägt ist, ist die Resilienz des Menschen ein Schlüssel zu einer erfolgreichen und glücklichen Beziehung mit dem Pferd.

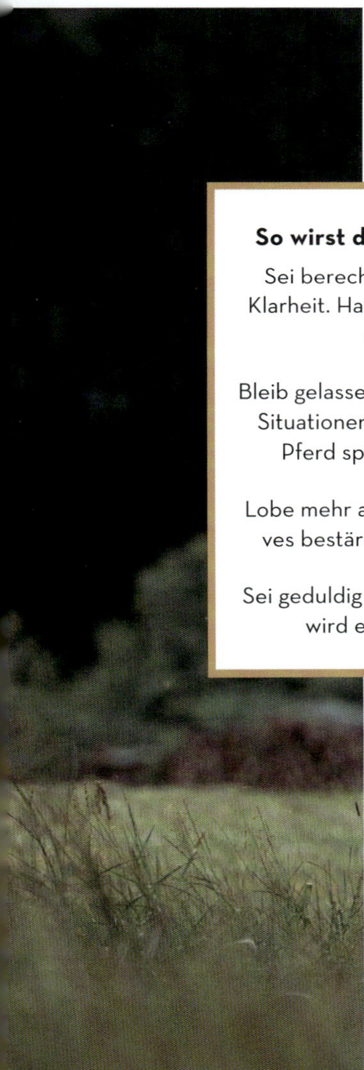

So wirst du zum guten Vorbild

Sei berechenbar – Pferde lieben Klarheit. Handle vorhersehbar, aber ohne Härte.

Bleib gelassen – auch in ungewohnten Situationen. Atme tief durch, dein Pferd spürt deine Sicherheit.

Lobe mehr als du korrigierst – Positives bestärken schafft Motivation.

Sei geduldig – wenn du unruhig wirst, wird es auch dein Pferd.

DIE ROLLE DES MENSCHEN

Vermutlich haben wir alle es schon einmal irgendwo gehört oder gelesen: „Das Pferd ist dein Spiegel". Gemeint ist damit meist, dass ein Pferd ein so feines Gespür für Stimmungen des Gegenübers hat, dass es sein Verhalten direkt an das Verhalten des anderen anpasst und so ein ehrlicher Feedback-Geber ist.

Doch werden wir dem Pferd damit gerecht, wenn wir es „nur" als Spiegel unserer selbst sehen? Und wollen wir wirklich ehrlich hinschauen und das annehmen, was wir da in diesem lebendigen Spiegel sehen können? Unsere guten wie auch unsere weniger guten Eigenschaften oder Persönlichkeitsanteile? Und ist da nicht noch mehr an eigenständiger Persönlichkeit beim Pferd? Ganz abgesehen davon, ob wir nicht eventuell auch ein Spiegel für das Pferd sind.

Diesen grundlegenden Themen des Dialogs zwischen zwei so verschiedenartigen Wesen möchte ich im Folgenden etwas Raum geben. Denn nur über das Nachdenken über die eigenen Verhaltensmuster, Rollen, die wir immer wieder spielen, und über die Ebenen

Das Vertrauen in die Fähigkeiten von Pferd und Reiterin ermöglicht eine Entfaltung der reiterlichen Möglichkeiten.

der Persönlichkeiten von Mensch und Pferd werden wir eine intensive Beziehung zu unserem Pferd aufbauen und damit dem Pferd und uns selbst wirklich gerecht werden können.

Die eigenen Glaubenssätze erkennen

Es kann ein sehr sinnvoller Weg zu einem tieferen Verständnis des Pferdes sein, wenn man sich zunächst ganz ohne den direkten Kontakt zum Pferd einmal Gedanken darüber macht, welche Vorstellungen wir von unserem Pferd eigentlich haben.

– Wie würden wir seinen Charakter jemand anderem beschreiben?
– Was gibt es da an Vorlieben und Abneigungen zu berichten?
– Was sind kennzeichnende Verhaltensweisen?

Oft genug ist es so, dass die Aspekte, die uns da als Erstes einfallen, auf vorgefertigten Meinungen beruhen. In meiner Praxis als Verhaltensbiologin erlebe ich beispielsweise häufig die Annahme, dass Hengste generell „dominant" seien, eine strenge Hand brauchen und hart im Nehmen seien. Besitzer, die diese Grundannahme von ihrem Pferd haben, werden ihrem Hengst dann entsprechend „vorsichtshalber" eher ruppig oder hart gegenübertreten. Dabei stellt sich eben die

So werden auch fortgeschrittene Lektionen wie der Spanische Schritt stressfrei möglich.

Frage, ob die Glaubenssätze „Hengste sind ...“ überhaupt der Realität entsprechen. Auch jeder Hengst ist ein Individuum mit einzigartiger Persönlichkeit. Es gibt ebenso zarte, eher schüchterne Hengste, wie es rüpelige Macho-Typen oder verspielte Spaßvögel gibt.

Ein anderes Beispiel: Welche Gedanken hast du, wenn du nicht an das Geschlecht deines Pferdes denkst, sondern an seine Rassezugehörigkeit? Was sind da die Ansichten, die einem direkt in den Sinn kommen? Auch hier zeigt sich oft genug, dass es viele, viele klischeehafte Vorurteile über alle möglichen Rassen gibt. Da wird von nervösen, zartbesaiteten Arabern gesprochen, von faulen, gemütlichen Kaltblütern oder sturen Haflingern. Und genau diese vorgefertigten Etiketten, an die man irgendwie selbst glaubt, weil man es oft genug gehört hat, die beeinflussen das eigene Verhalten. Wir werden also einem vermeintlich sturen Pferd eher mit Druck begegnen oder ein vermeintlich faules Pferd für seine Trägheit bestrafen. Genau das passiert jedenfalls im Alltag erschreckend häufig. Dabei hat jedes Pferd jede erdenkliche Facette in sich. Sein aktuelles Verhalten ist ein Spiegel der Situation und seiner Vorerfahrungen.

Im Gespräch finden wir oft schneller zu realistischen, an den eigenen Werten orientierte Zielvorstellungen.

Eigene Zielvorstellungen überdenken

Neben den inneren Glaubenssätzen ist es auch sehr interessant, sich einmal über die eigenen Zielvorstellungen mit dem Pferd Gedanken zu machen. Möchte ich, dass mein Pferd mir vertraut? Soll es gewissermaßen vorhersehen, was ich als Nächstes tun möchte?

Und wenn ich ganz ehrlich bin: Weiß das Pferd überhaupt von meinen Erwartungen? Habe ich es intensiv auf seine Aufgabe vorbereitet, es liebevoll und gewissenhaft ausgebildet? All diese Fragen helfen dabei, sich besser einzufühlen, wie viele unterschiedliche Erwartungen ein durchschnittlicher Reiter an ein Pferd stellt.

Es soll geduldig sein, aber bitte nicht langweilig. Gelassen und ruhig, aber auf keinen Fall triebig.
Es soll die tollsten Lektionen mit Leichtigkeit bewältigen, auch wenn es weder wirklich dafür trainiert noch von einem Pferdeprofi ausgebildet wurde. Oft sind die Erwartungen an Reitpferde riesig. Die Ausbildung von Pferd und Reiter dauert aber viele Jahre. Es bedarf regelmäßigen Trainings, um ein gutes Niveau zu erreichen und halten zu können. Da kann es hilfreich sein, einen Abgleich zwischen Wunsch und Realität zu machen. Also jeweils einander gegenüberzustellen, was ich von meinem Pferd erwarte und was es tatsächlich leisten kann. Vor dem gemeinsamen Tanz mit einem Pferd, bei dem sich die Bewegungen von beiden Partnern synchronisieren und der Hauch einer Hilfe reicht, den anderen zu lenken, gilt es, eine Menge Energie und Arbeit zu investieren. Gute Pferdeausbildung bedeutet auch, realistische Ziele zu setzen und einen Trainingsplan mit vielen Zwischenschritten zu erstellen. Klein anfangen und viele Wiederholungen einplanen hilft dabei, beide Seiten nicht zu überfordern.

Wer möchte ich für mein Pferd sein?

Vermutlich werden viele Pferdemenschen diese Frage mit der Antwort „ein Freund“ oder „eine Partnerin“ beantworten. Doch auch in dem, wie ich mit meinem Verhalten auf das Verhalten des Pferdes reagiere, kann ich für mich erkennen, wie liebevoll ich tatsächlich bin. Werde ich vielleicht schnell ungeduldig? Benötige ich diverse Hilfsmittel, um eine Antwort von meinem Pferd zu bekommen? Beispielsweise die Gerte zum Treiben? Kommt mein Pferd auf mich zu, wenn ich es auf der Weide besuche? Oder läuft es gar davon? Folgt es mir ohne Führstrick und Halfter?
All diese Fragen können dazu dienen, den eigenen Weg näher einzugrenzen. Um einen partnerschaftlichen Weg zu wählen und prompte und flüssige Reaktionen des Pferdes zu erlangen, kann es hilfreich sein, jedes einzelne

Es ist wichtig, die einmal für eine bestimmte Lektion trainierten Zeichen beizubehalten, damit das Pferd sie stets wiedererkennen kann. Durch Kontinuität wird das Vertrauen in den Menschen gesteigert.

Ins Handeln kommen durch gemeinsames Lernen und den Austausch von Erfahrungen.

Signal, was ich eigentlich für selbstverständlich voraussetze, auf den Prüfstein zu legen. Hat mein Pferd mich wirklich verstanden? Könnte ich selbst einem anderen Menschen beschreiben, wie beispielsweise mein Zeichen fürs Rückwärtsgehen aussieht? Solange ich selbst nicht in meiner eigenen Körpersprache präzise bin und konsequent stets dieselben Zeichen verwende, solange kann ich keine schnelle Reaktion des Pferdes erwarten. Pferde können quasi Gedanken lesen und unser Verhalten direkt spiegeln – allerdings im Negativen ebenso wie im Positiven. Das, was bei manchen so leicht und selbstverständlich aussieht, ist das Ergebnis einer intensiven Interaktion und vor allem einer gründlichen Arbeit an sich selbst und den eigenen Defiziten. Wie ist es also um mein eigenes Stresslevel und die eigene Resilienz bestellt? Kann ich gut für mich selbst sorgen und meine Emotionen regulieren, ohne diese Themen am und mit dem Pferd bearbeiten zu müssen?
Sich selbst zu reflektieren, hilft enorm dabei, einen authentischen Weg mit dem Pferd zu finden.

Von der Theorie zur Praxis

Egal ob es darum geht, ein besserer Trainer für das eigene Pferd zu werden, gemeinsam an der Grundgelassenheit zu arbeiten oder mehr Zeit zusammen in der Natur zu verbringen: Erst wenn wir wirklich loslegen, also unsere Idee in die Tat umsetzen, wird aus dem Gedanken Wirklichkeit. Ich komme meinem Ziel nicht näher, wenn es sich zwar schön anhört und scheinbar leicht erreichbar wäre, wenn, ja wenn ich doch nur etwas mehr theoretisches Grundwissen anhäufen könnte. Es ist fast immer bequemer und einfacher, zu Hause auf dem Sofa einen Ratgeber zu lesen und dort genau nachzulesen, welche Trainingsdetails in einen ausgefeilten Trainingsplan integriert werden sollten, bevor überhaupt begonnen werden kann. Der Kalorienverbrauch pro Strecke kann exakt mittels App ermittelt werden, um so die eine Route im Reitgelände mit der anderen vergleichen zu können. Man kann Dutzende Bücher darüber lesen, wie man mit spannenden Aufgaben am Boden auch einen gemeinsamen Spaziergang zum echten Erlebnis werden lassen kann.

Wir haben also oft ein Ziel vor Augen, das uns großartig und auch machbar erscheint. Wir gehen oft zunächst hochmotiviert ans Werk und arbeiten auch ein- oder zweimal an der Umsetzung unseres Planes. Das Problem ist oft nur, dass wir einfach nicht dranbleiben, dass wir unser Vorhaben nicht vollständig umsetzen können, weil wir die nötige Verhaltensänderung bei uns selbst nicht schaffen. Gerade das Anhäufen von immer mehr Wissen, Plänen und Ideen hindert einen oft genug daran, überhaupt irgendetwas in die Tat umzusetzen. Der Berg an Möglichkeiten steht einem dann buchstäblich im Wege. Wir alle konsumieren gerne, wir lassen uns berieseln von tollen Ideen anderer, die wir in Gedanken noch weiter ausschmücken und zu eigenen Wünschen umgestalten.

Selbst aktiv zu werden, ist dagegen anstrengend und oft ermüdend, da nicht nur ein klitzekleiner erster Schritt getan werden muss, sondern sich je nach Zielsetzung Tausende weitere Schritte daran anschließen. Das gezielte Resilienztraining ist eher ein Marathon, denn ein Sprint. Eine gute Devise lautet: dranbleiben und neue Aspekte beleuchten.

Lob und Begeisterung für sämt iche Zwischenschritte helfen dabei, sich selbst und damit auch das Pferd immer wieder neu zu motivieren.

Ins Handeln kommen gelingt auch durch gezieltes Coaching, Sitzschulung oder durch die Teilnahme an interessanten Seminaren.

Wie kann man nun tatsächlich ins Handeln kommen

Ein Weg ins Handeln kann sein, jeden der tausend Schritte ähnlich klitzeklein zu gestalten und anzusehen wie den allerersten. Je kleiner der Schritt ist, desto schneller werden wir das erste Zwischenergebnis erreichen und damit ein Erfolgserlebnis haben können. Das motiviert wiederum zum nächsten Schritt und so weiter.
Inspiration von anderen ist gut, aber zu viel Ablenkung entfernt uns leicht von einem eigenen Ziel und zieht uns von einem noch nicht zu Ende gegangenen Weg hinüber auf einen neuen Weg. Und so kommen wir bei sehr vielen Wegen nicht weit über den Startpunkt hinaus, was sehr unbefriedigend sein kann.
Daher ist es für mich immer entscheidend zu definieren, was aktuell der wichtigste Weg ist, also der den ich wirklich gehen möchte. Wenn sich schon nicht alle Wege gehen lassen und sich nicht jede Idee umsetzen lässt, diese eine sollte so attraktiv für uns selbst sein. Ich möchte ihn nicht sofort wieder aus den Augen verlieren, sobald sich eine neue Weggabelung eröffnet. Was ist also für die Resilienz meines Pferdes und mein eigenes Stresslevel der wichtigste Lernberiech und was sind daraus folgend die wirklich relevanten Aufgaben?

Dem Pferd ein stabiler Partner sein

Jeder Mensch hat seinen ganz eigenes Energielevel, welches sich unter anderem in der Reaktionszeit und Impulsivität, aber auch in der Körperspannung wahrnehmen lässt. Pferde sind als soziale Lebewesen, die über Körpersprache kommunizieren, sehr sensibel in ihrer Wahrnehmung der so ausgesendeten Energie. Sie reagieren auf minimale Veränderungen der Körperhaltung, wie eine leichte Drehung des Oberkörpers oder eine etwas andere Positionierung der Beine direkt und unmittelbar. Damit können wir durch unsere Körperspannung entweder das Wohlbefinden und Vertrauen des Pferdes stärken oder aber einem Trainingserfolg selbst im Wege stehen. Oft fällt einem allerdings nur auf, dass es im Training an irgendeiner Stelle hakt. Man kommt nicht so schnell voran, wie man es sich vorstellt oder bemerkt, dass das Pferd unsicher oder unruhig reagiert. Der Gedanke, dass man nun nachforschen sollte – bevor man an weiteres Training für das Pferd nachdenkt und über einen solchen Trainingsweg – welchen Anteil man selbst an der Situation hat, kommt vielen gar nicht in den Sinn.
Wir sind oft blind für das eigene Energielevel und merken gar nicht, wie verkrampft wir oft sind, wie gestresst oder wie ungeduldig. Dabei ist die eigene Körperspannung ein sehr guter Indikator für die eigene Befindlichkeit. Der erste Schritt die eigene Energie auf ein sinnvolles Level zu heben bzw. zu senken, ist wahrzunehmen, wie es aktuell um die Muskelspannung bestellt ist. In sich hineinzuhorchen, welche Körperpartien vielleicht angespannt sind. Oft ziehen wir beispielsweise, wenn wir Stress haben, die Schultern hoch. Ein verspannter Nacken kann die Folge sein. Bemerkt man eine solche ungünstige Körper-

spannung, so kann man sich diese noch mehr bewusst machen, indem man die Schultern maximal hochzieht, um sie dann bewusst komplett fallenzulassen.
Der Kontrast zwischen den beiden möglichen Extremen hilft uns im Umgang mit dem Pferd, ein Mittelmaß und unsere Komfortzone zu finden. Wer sich seiner Emotionen und dem inneren Stresspegel bewusst ist und es schafft, diesen effektiv zu regulieren, wird aus Sicht des Pferdes zu einem vertrauenswürdigen Partner.

Wege zu mehr Resilienz für Pferdemenschen

In einer Welt, die von ständigem Wandel, hohen Anforderungen und oft überwältigenden Herausforderungen geprägt ist, wird die Fähigkeit, resilient zu sein und gut für sich selbst zu sorgen, immer wichtiger. Resilienz und Selbstfürsorge sind zwei Schlüsselkonzepte, die uns helfen, nicht nur schwierige Zeiten zu überstehen, sondern auch ein erfülltes und ausgeglichenes Leben mit Pferden zu führen. Pferdemenschen brauchen ein hohes Maß an Resilienz, um sich nicht in Sorge um das eigene Pferd zu verlieren oder die Freude vor lauter Arbeit und Aufgaben zu verlieren.

Im Gelassenheits- oder Trailtraining ist es wichtig, eine positive Stimmung und Körperspannung zu bewahren, um dem Pferd zu signalisieren, dass alles entspannt und in Ordnung ist.

Selbstfürsorge

Resilienz und Selbstfürsorge sind eng miteinander verknüpft. Wer gut für sich selbst sorgt, stärkt seine Resilienz. Und wer resilient ist, ist besser in der Lage, Selbstfürsorge zu praktizieren. Beide Konzepte unterstützen sich gegenseitig und bilden die Grundlage für ein gesundes und erfülltes Leben.

Akzeptanz und Realismus

Resiliente Menschen akzeptieren, dass Schwierigkeiten und Rückschläge zum Leben dazu gehören. Sie haben eine realistische Sichtweise und erkennen an, dass nicht alles unter ihrer Kontrolle liegt.
Pferde werden im Laufe ihres Lebens vielleicht krank, die ideale Haltungsform ist nicht zu finden oder reiterliche Ziele schwer umzusetzen. Das ist völlig normal und betrifft in irgendeiner Art und Weise jeden Pferdemenschen. Diese Akzeptanz hilft, sich nicht in negativen Gedanken zu verlieren, sondern sich auf das zu konzentrieren, was ich beeinflussen kann.

Positive Einstellung

Eine positive Einstellung bedeutet nicht, dass man Probleme rund ums Pferd ignoriert oder verharmlost. Vielmehr geht es darum, in schwierigen Situationen nach Möglichkeiten und Chancen zu suchen. Resiliente Menschen sehen Rückschläge als vorübergehend an und glauben daran, dass sie die Fähigkeit haben, die Situation zu verbessern.

Soziale Unterstützung

Ein starkes soziales Netzwerk ist ein wichtiger Faktor für Resilienz. Freunde, Familie und das Umfeld im Stall können emotionale Unterstützung bieten, Ratschläge geben und helfen, Probleme aus einer neuen Perspektive zu betrachten. Es ist wichtig, Beziehungen zu pflegen und sich in schwierigen Zeiten nicht zurückzuziehen. Pferdehaltung und das Thema Reiten sind so komplex, dass es ohne Input und Unterstützung von anderen Menschen kaum möglich ist, einen bestmöglichen Weg für sich und das eigene Pferd zu finden.

Problemlösungsfähigkeiten

Resiliente Menschen sind gute Problemlöser. Sie analysieren die Situation, identifizieren mögliche Lösungen und setzen diese um. Sie sind flexibel und bereit, neue Wege zu gehen, wenn die bisherigen Strategien nicht funktionieren. Pferde brauchen unsere Flexibilität. Nicht jedes Pferd reagiert gleich oder hat dieselben Bedürfnisse. Daher ist es gut, immer wieder neue Wege zu entdecken.

Selbstreflexion

Die Fähigkeit, über sich selbst und die eigenen Erfahrungen nachzudenken, ist ein wichtiger Aspekt der Resilienz. Selbstreflexion hilft, aus Fehlern zu lernen und persönliche Stärken und Schwächen zu erkennen. Sie ermöglicht es, sich weiterzuentwickeln und besser auf zukünftige Herausforderungen vorbereitet zu sein. Reiten lernt man sein ganzes Leben. Auch die Pferdehaltung von heute ist durch die vielen neuen wissenschaftlichen Er-

In der Gemeinschaft sind wir stark. Gruppenausritte können so zu einem wertvollen Geschenk für den Austausch von Erfahrungen werden und helfen dabei, Freundschaften zu vertiefen. Besondere Momente bleiben in Erinnerung.

kenntnisse eine andere als noch vor zehn Jahren.

Wege zu mehr Selbstfürsorge

Es ist gut, sich immer wieder selbst zu fragen, wo man steht, wie man mehr für sich und im Sinne des Pferdes erreichen kann.

Körperliche Gesundheit

Die körperliche Gesundheit ist die Grundlage für das allgemeine Wohlbefinden. Dazu gehört eine ausgewogene Ernährung, regelmäßige Bewegung und ausreichend Schlaf. Es ist wichtig, auf die Signale des Körpers zu hören und ihm die Ruhe und Pflege zu geben, die er braucht. Das Pferd ist vom Menschen abhängig. Es braucht uns so fit wie nur irgend möglich.

Emotionale Pflege

Emotionale Selbstfürsorge bedeutet, die eigenen Gefühle anzuerkennen und sich Zeit zu nehmen, um sie zu verarbeiten. Das kann durch Gespräche

Für viele Reiterinnen und Reiter ist gerade die absichtslose Pferdezeit wichtig, um ins eigene Fühlen und Genießen zu kommen.

mit vertrauten Personen, das Führen eines Tagebuchs oder kreative Aktivitäten wie Malen oder Musizieren geschehen. Es ist wichtig, sich selbst mit Mitgefühl zu begegnen und sich nicht für negative Emotionen zu verurteilen. Sich einzugestehen, dass man vielleicht in bestimmten Situationen Angst vor dem eigenen Pferd oder beim Reiten hat, oder die Sorgen um den Gesundheitszustand des Pferdes einen zu erdrücken drohen, hilft enorm dabei, einen positiven Weg zu finden.

Grenzen setzen

Ein wichtiger Aspekt der Selbstfürsorge ist das Setzen von Grenzen. Das bedeutet, Nein zu sagen, wenn man überfordert ist, und sich Zeit für sich selbst zu nehmen. Grenzen zu setzen, schützt vor Burnout und ermöglicht es, Energie für die Dinge zu haben, die wirklich wichtig sind. Viele Pferdemenschen fallen immer wieder in die Falle der kleinen Gefälligkeiten. Mal eben die Decke bei dem einen Pferd wechseln, für die Miteinstellerin den Hufpflegetermin wahrnehmen oder mal eben schnell die Koppel absammeln. Alles das kostet Zeit und es ist wichtig, das eigene Zeitbudget und die eigenen Kräfte im Blick zu behalten, damit einem nicht die Luft ausgeht, um sich den eigenen Traum vom Pferdeleben zu erfüllen.

Zeit für sich selbst

Es ist wichtig, regelmäßig Zeit für sich selbst einzuplanen, um sich zu entspannen und aufzutanken. Das kann durch Aktivitäten wie Pferdemassage, spazieren gehen mit dem Pferd, einfach nur durch das Genießen einer Tasse Tee mit Blick auf die Pferdeweide geschehen. Diese Momente der Ruhe und Entspannung sind essenziell, um Stress abzubauen und neue Energie zu tanken.

Professionelle Hilfe

Manchmal reicht die eigene Kraft nicht aus, schwierige Situationen zu meistern. In solchen Fällen ist es wichtig, professionelle Hilfe in Anspruch zu nehmen. Therapeuten, Coaches oder Berater können wertvolle Unterstützung bieten und helfen, neue Perspektiven und Strategien zu entwickeln. Nehmen Sorgen rund ums Pferd überhand, ist es essenziell, sich zu öffnen und helfen zu lassen.

Beispielsübung: Zeit zum Durchatmen

Diese Übung dient dazu, sich bewusst zu machen, wie wichtig das Lebenselixier Luft für uns und unsere Pferde ist. Wie es sich anfühlt, ganz bei sich zu sein und in Ruhe zu atmen. Tief zu

PRAKTISCHE TIPPS FÜR DEN ALLTAG

Tägliche Routinen

Eine strukturierte Tagesroutine kann helfen, Stress zu reduzieren und ein Gefühl von Stabilität zu schaffen. Dazu können feste Zeiten für die Pferdezeit, Stallarbeit oder Organisation rund ums Pferd gehören. Routinen geben Sicherheit und helfen, den Tag effektiv zu gestalten.

Digital Detox

Die ständige Erreichbarkeit und der Konsum von digitalen Medien können stressen und überfordern. In der Internetpferdewelt kann es schnell passieren, dass wir „übergroßen" Vorbildern folgen und einer Scheinwelt aus realitätsfernen Erfolgen auf allen Ebenen ausgesetzt sind. Es ist wichtig, regelmäßige Pausen von Smartphone, Computer und sozialen Medien einzulegen, um sich zu entspannen und den Kopf freizubekommen und die eigene, reale Pferdewelt wirklich zu erleben.

Dankbarkeit praktizieren

Dankbarkeit ist eine einfache, aber wirksame Methode, um das Wohlbefinden zu steigern. Indem man sich täglich auf die positiven Aspekte des Lebens konzentriert, kann man eine positive Grundhaltung entwickeln und Stress reduzieren. Ein Dankbarkeitstagebuch kann dabei helfen, diese Praxis zu etablieren. Die schönen Momente mit dem eigenen Pferd zu sammeln, kann helfen, das Leben zu genießen.

Kleine Schritte

Veränderungen brauchen Zeit, und es ist wichtig, sich nicht zu überfordern. Kleine, realistische Schritte sind oft effektiver als große, überwältigende Ziele. Jeder kleine Fortschritt ist ein Erfolg und trägt dazu bei, langfristige Veränderungen zu erreichen.

atmen und dabei die frische Luft und die Ausdehnung der Lungenflügel im Brustkorb wirklich zu spüren. Dabei stelle ich mir meine Lungenflügel wie die flauschigen Schwingen eines Rauscheengels vor, die sich majestätisch ausbreiten und sich dann beim Ausatmen wieder geschmeidig anlegen. Das Einatmen und Ausatmen ist vielleicht der ursprünglichste Mechanismus unseres Körpers, den wir sprichwörtlich im Schlaf bewältigen und der einfach funktioniert. Ebenso besitzen wir die Fähigkeit, bewusst zu atmen und damit sowohl unser Wohlbefinden zu steuern, als auch eine Botschaft an unser Gegenüber zu senden. Pferde können extrem sensibel spüren, was Atemfrequenz, Atemgeräusche oder Grad des Bewusstseins beim Atmen über die Befindlichkeit des Gegenübers aussagen. Sie spüren durch jeden Atemzug, wie es dem anderen geht. Darüber hinaus stärken Pferde Beziehungen über das gemeinsame Atmen, sie gleichen dabei ihre Atemfrequenz an die des befreundeten Individuums an.

Die bewusste Pause

Eine bewusste Atempause zwischen einzelnen Übungen, also eine Pause zum gemeinsamen Atmen, bietet mir die Gelegenheit, die Verbindung zu meinem Pferd zu erspüren, zu vertiefen und mir daraufhin darüber bewusst zu werden, was die nächsten Schritte im Training sein könnten.

– Was sagt mir dieser eine Moment des Atmens?
– Spüre ich eine Unruhe in einer vielleicht oberflächlichen Atmung?
– Spüre ich die Hitze der Luft im Sommer und dadurch eventuell eine gewisse Trägheit?

Dabei ist es mir sehr wichtig, bewusst durchzuatmen und mich selbst zu fragen, wie die eigenen Körperempfindungen sind. Einatmen und ausatmen. Einatmen und ausatmen. Einatmen und ausatmen – eine schier endlose Abfolge aneinandergekoppelter Mechanismen.

– Gibt es irgendwo im Körper schmerzende Regionen?
– Was fühlt sich angenehm an?

Es geht mir dabei nicht um eine Bewertung der Situation, sondern um die Wahrnehmung des Moments. Dabei dehne ich die Atmung tief in den Bauchraum aus und horche in die innere Stille hinein, eventuell auch auf auftauchende Gedanken oder Erinnerungen. Ausgehend von der eigenen Empfindung der Ruhe und des Wohlbefindens erweitere ich langsam jeden bewussten Atemzug und breite gewissermaßen bildlich gesprochen meine Lungenflügel wie riesige Adlerschwingen aus. Nach und nach dehne ich meine Aufmerksamkeit und mein Gefühl dann auf die Atmung und die Energie des Pferdes aus.

Gefühlte Ewigkeit

Egal wie kurz eine solche Atempause auch ist, ob nur drei Atemzüge oder sogar einige Minuten, sie hilft dabei, einen ganz entscheidend wichtigen Schritt im Training bewusst zu voll-

ziehen: Den geschmeidigen Übergang vom Handlungsmodus des tatsächlichen Trainings in den Geisteszustand des Seins. In diesem bewussten Erleben fühle ich mich besonders gut dazu in der Lage, Entscheidungen zu treffen. Ich kann die vorher erlebte Situation aus einer übergeordneten Position aus sehen und bin besser bereit, meine vielleicht schon verschollen geglaubten Erfahrungen und Empfindung intuitiv miteinander verschmelzen zu lassen. Eine Atempause ermöglicht mir außerdem, meiner Wahrnehmung der vielen Sinneseindrücke bewusst zu werden.

Die meisten Menschen sind in einer eng definierten Trainingssituation auf nur einen ihrer Sinne fixiert und agieren fast automatisch. Sie halten starr an Regeln fest und werden so quasi mechanisch von ihren mentalen Scheuklappen eingeschränkt. Das möchte ich für mein Beisammensein mit den Pferden verhindern. Denn erst, wenn ich meinen Geist bewusst erweitern kann, kann ich Ebenen wahrnehmen, die ich vorher ausgeblendet habe. Vielleicht, weil ich sie für nicht so wichtig hielt wie andere, vielleicht, weil sie nicht meinem inneren Anspruch an mich selbst genügten oder

Einfach da sein und bewusst atmen. Damit erfüllen wir ein Grundbedürfnis des Pferdes nach Sicherheit und Verbindung.

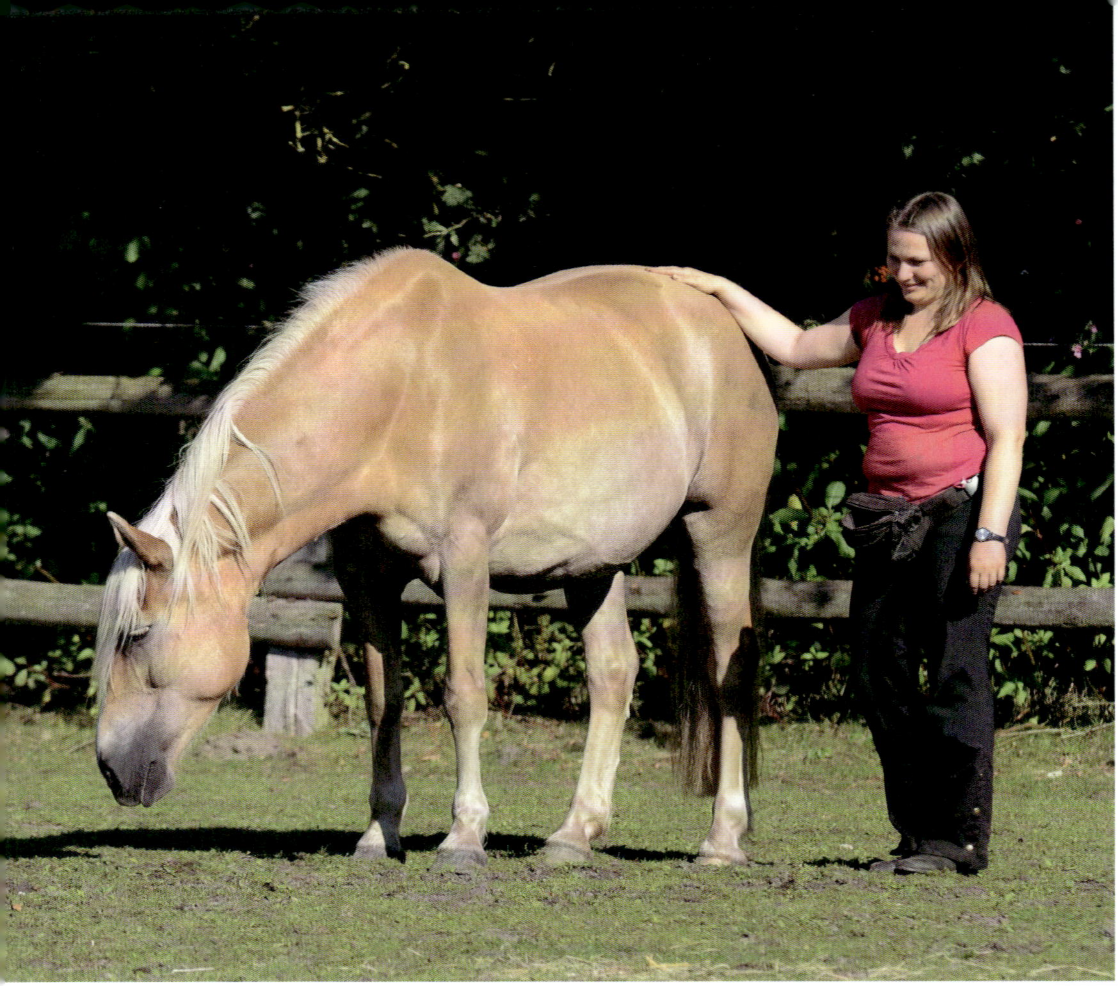

1

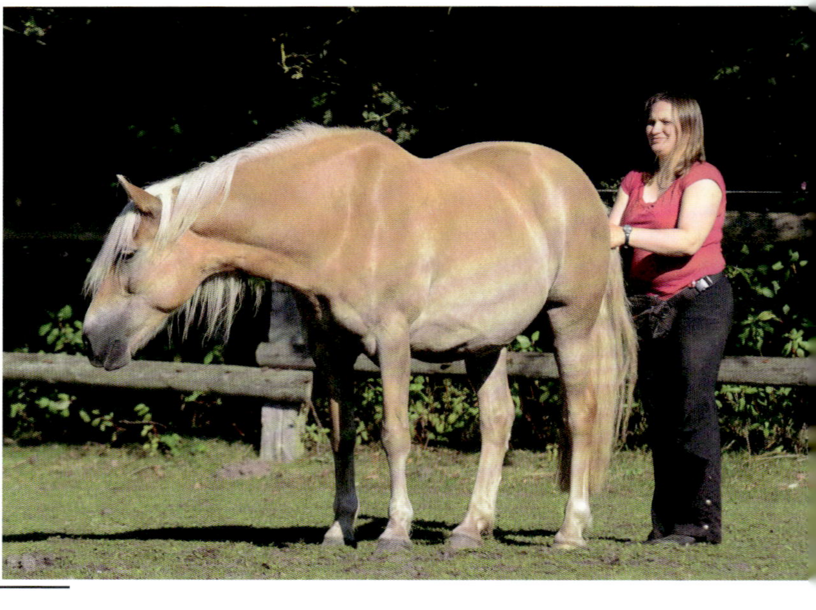

2

3

1 Seitlich am Rumpf des Pferdes oder wie hier auf der Kruppe sind mögliche Kontaktpunkte, um in einer Pause den Atem mit dem Pferd zu synchronisieren.

2 Wenn das gut funktioniert, kann ich beginnen, mich auch woanders neben dem Pferd aufzuhalten und die Entspannung zu genießen.

3 Diese Ruhe können wir dann anschließend direkt in die Freiarbeit übertragen.

auch aus vielen anderen Gründen. Ich wechsle so gewissermaßen die Betrachtungsperspektive, wenn ich von einer Aufgabe zur nächsten übergehe, wenn ich Missstimmungen spüre, leisen Zwischentönen Gehör schenken oder problematische Gefühle analysieren möchte.

Praktische Durchführung:
Ich beginne mit meiner Zeit zum Durchatmen erst einmal in einem geschützten kleinen, überschaubaren Raum. Also etwa ein kleiner abgesteckter Teil des Reitplatzes. Einfach ein Bereich, in dem zunächst wenige Außenreize vorhanden sind, keine anderen Pferde oder Menschen unsere Ruhe stören können und auch kein Futter als Attraktion dient. Nun versuche ich, mich auf mich selbst zu fokussieren, meine Atmung zu erleben und meine Gedanken zur Ruhe zu bringen.
Erst dann nehme ich Kontakt zum Pferd auf. Dabei mache ich mir keine Gedanken, was das Pferd tut, wie es stehen sollte oder ob es mir überhaupt seine Aufmerksamkeit schenkt oder Ähnliches. Ich vertraue einfach darauf, dass ich diejenige bin, die sich öffnen muss, um Zugang zu finden. Ist mir das Pferd vertraut genug, so kann ich es sanft mit der Hand berühren. In der Sattellage, seitlich am Rumpf, kann man das Atmen des Pferdes direkt spüren. Lege ich die Hand einfach

Pferde sind Meister der Wahrnehmung. Ihre Sinne sind so scharf, dass sie uns oft schon bemerken, bevor wir sie überhaupt sehen – sei es durch das leise Knacken eines Astes, eine minimale Veränderung der Luftbewegung oder der Geruch, der uns vorauseilt.

dorthin, so kann ich die Bewegung durch die Kontraktion der Muskeln rund um die enorme Pferdelunge spüren, die sich ausdehnt und wieder zusammenzieht.
In meiner Vorstellung schaue ich innerlich erst einmal zu, wie sich der Brustkorb des Pferdes hebt und senkt. Und dann nutze ich meine Hand und meinen Arm als Verbindung zweier Individuen. Ich stelle mir vor, ich atme in meinen Arm hinein, als würde die Luft über meine Lungenflügel durch diese Bahn fließen und die Pferdelunge erreichen. Umgekehrt spüre ich die Atemenergie des Pferdes auf diese Weise direkt zu mir zurückfließen.

Gemeinsam in der Brise segeln

Etwas, was uns oft ziemlich langweilig erscheint, hat in der Welt der Pferde eine sehr große Bedeutung. Das gemeinsame scheinbar inaktive Herumstehen und Atmen, quasi das Dolce far niente, das süße Nichtstun der Pferdewelt. Pferde stehen nebeneinander, spüren sich gegenseitig und vergewissern sich so auch über den sozialen Zusammenhalt innerhalb der Gruppe. Sie verbringen viel Zeit damit und fühlen sich in diesem gelebten Miteinander offensichtlich sehr wohl. Viele von uns müssen diese Inaktivität erst einmal lernen. Das Nichtstun, das Nichtwollen und das zur inneren Ruhe kommen.

EIN HILFREICHER PROZESS

Resilienz und Selbstfürsorge sind keine Luxusgüter, sondern notwendige Fähigkeiten, um in einer komplexen und oft stressigen Welt zu bestehen. Indem wir uns um unsere körperliche, emotionale und mentale Gesundheit kümmern, stärken wir unsere Widerstandskraft und sind besser in der Lage, Herausforderungen zu meistern. Es ist ein kontinuierlicher Prozess, der Geduld, Selbstreflexion und die Bereitschaft erfordert, sich selbst und dem eigenen Pferd Priorität einzuräumen. Doch dieser Einsatz lohnt sich – für ein ausgeglichenes, erfülltes und gesundes Leben mit Pferden.

Manchmal hilft es, sich bewusst zu machen, wie ruhiges Atmen eigentlich aussieht und sich anfühlt. Normal sind acht bis sechzehn Atemzüge pro Minute bei einem ruhigen entspannten Pferd. Die durchschnittliche normale Atemfrequenz des erwachsenen Menschen liegt bei zwölf bis achtzehn Atemzügen pro Minute. Gerade wenn ich merke, dass ich eine innere Unruhe verspüre oder ungeduldig zu werden drohe, hilft es mir sehr, mindestens eine oder zwei Minuten bewusst durchzuatmen. Denn das ruhige Atmen hat viele positive Auswirkungen auf den eigenen Organismus ebenso wie auf den des Pferdes: Die beruhigende Wirkung setzt sehr schnell ein, die Herzfrequenz passt sich an, der Muskeltonus wird weicher und ein angenehmes Gefühl breitet sich aus.
Es bestehen viele direkte und indirekte Wechselwirkungen von Atmung und dem gesamten Stoffwechsel.
Der Grad der Sauerstoffversorgung beeinflusst beispielsweise die Blutzirkulation und damit die Aktivität des Herzens. Der innere Fokus auf die eigene Atmung hat zudem Einfluss auf das zentrale Nervensystem und bewirkt eine erhöhte Wahrnehmungsfähigkeit und innere Ruhe.

SERVICE

QUELLEN- UND LITERATURVERZEICHNIS

Ashley, F. H., et al. (2005). Behavioural assessment of pain in horses. Applied Animal Behaviour Science.

Büscher, W., et al. (2019). Impact of Chronic Stress on Equine Gut Microbiota and Health. Veterinary Microbiology.

Dalla Costa, E., Minero, M., Lebelt, D., Stucke, D., Canali, E., & Leach, M. C. (2014). Development of the Horse Grimace Scale (HGS) as a pain assessment tool in horses undergoing routine castration. PLoS ONE, 9(3), e92281.

Forsyth, C. B., Shannon, K. M., Kordower, J. H., Voigt, R. M., Shaikh, M., Jaglin, J. A., ... & Keshavarzian, A. (2014). Increased intestinal permeability correlates with sigmoid mucosa alpha-synuclein staining and endotoxin exposure markers in early Parkinson's disease. PLoS ONE, 9(6), e100224.

Fureix, C., et al. (2012). Depression-like behavior in horses: A survey-based study. Journal of Veterinary Behavior.

Fureix, C., Gorecka-Bruzda, A., Gautier, E., & Hausberger, M. (2012). Co-occurrence of yawning and stereotypic behaviour in horses (Equus caballus). ISRN Zoology, 2012.

Frape, D. (2010). Equine Nutrition and Feeding. Wiley-Blackwell.

Garber, A., et al. (2020). Factors Influencing Equine Gut Microbiota: Current Knowledge. Journal of Equine Veterinary Science.

Garber, A., Hastie, P., & Murray, J. A. (2020). Factors influencing equine gut microbiota: Current knowledge. Journal of Equine Veterinary Science, 88, 102943.

Harris, P. A., Ellis, A. D., Fradinho, M. J., Jansson, A., Julliand, V., Luthersson, N., ... & Vervuert, I. (2017). Review: Feeding conserved forage to horses: Recent advances and recommendations. Animal, 11(6), 958-967.

McGowan, T. W., Pinchbeck, G. L., & McGowan, C. M. (2010). Prevalence, risk factors and clinical signs of Cushing's syndrome in horses aged 15 years or older. Veterinary Record, 166(21), 646-650.

McGreevy, P. D., Harman, A., McLean, A., & Hawson, L. (2012). Over-flexing the horse's neck: A modern equine welfare issue. Journal of Veterinary Behavior, 7(5), 336-340.

O'Connor, P. J., Morgan, W. P., Koltyn, K. F., & Raglin, J. S. (2004). Psychobiologic effects of 3 d of increased training in female and male swimmers. Medicine & Science in Sports & Exercise, 36(1), 129-136.

Moons, C. P., Laughlin, K., & Zanella, A. J. (2005). Effects of short-term maternal separations on weaning stress in foals. Applied Animal Behaviour Science, 91(3-4), 321-335.

Price, J., et al. (2002). Chronic pain and the emotional brain: A review of the neurobiological basis of chronic pain. Pain Research and Management.

Reiter, R. J., et al. (2021). Melatonin: A Hormone of Darkness and its Role in Stress Resistance. Journal of Pineal Research.

Schoster, A., Mosing, M., Jalali, M., Staempfli, H. R., & Weese, J. S. (2017). Effects of transport, fasting and anaesthesia on the faecal microbiota of healthy adult horses. Equine Veterinary Journal, 49(6), 720-726.

Schryver, H. F., Parker, M. T., Daniluk, P. D., Pagan, K. I., Williams, J., & Hintz, H. F. (1987). Salt consumption and the effect of salt on mineral metabolism in horses. Cornell Veterinarian, 77(2), 122-131.

Waran, N. K., Clarke, N., & Farnworth, M. (2002). The effects of weaning on the domestic horse (Equus caballus). Applied Animal Behaviour Science, 78(2-4), 291-

Wathan, J., Burrows, A. M., Waller, B. M., & McComb, K. (2015). EquiFACS: The Equine Facial Action Coding System. PLoS ONE, 10(8), e0131738.

Williams, C. A., Kronfeld, D. S., Hess, T. M., Saker, K. E., & Harris, P. A. (2004). Antioxidant supplementation and subsequent oxidative stress of horses during an 80-km endurance race. Journal of Animal Science, 82(2), 588-594.

ZUM WEITERLESEN

Bender, Ingolf: **Pferdehaltung und Fütterung,** Haltung optimal planen und verwirklichen, Fütterungsgrundlagen verstehen und umsetzen; KOSMOS 2022
Das Standardwerk von Ingolf Bender beantwortet sämtliche Fragen der modernen Haltung und Fütterung – von der Pferdekunde über die verschiedenen Haltungssysteme bis zur Rationsberechnung des Futters.

Higgins, Gillian: **Anatomie, Gymnastizierung, Muskelaufbau**, Die besten Übungen am Boden; KOSMOS 2017
Die Erfolgsautorin beschreibt auf ihre gewohnt anschauliche Art die besten Boden-Übungen zur Gymnastizierung und zum Muskelaufbau des Pferdes. So bleibt der Pferderücken gesund und locker. Mit klar strukturiertem Seitenaufbau, prägnanten Texten und Fotos zu jedem Übungsschritt.

Jones, Janet: **Horse Brain, Human Brain**, Wie Pferd und Mensch denken, fühlen, handeln. KOSMOS 2022
Das Gehirn steuert das Verhalten – beim Pferd ebenso wie beim Menschen. Die Neurowissenschaftlerin und erfolgreiche Trainerin Janet Jones erklärt leicht verständlich die Gemeinsamkeiten und Unterschiede zwischen den Gehirnen von Mensch und Pferd und zeigt, wie man dieses Wissen anwendet, um Ausbildung, Training und Umgang effizient und lösungsorientiert zu gestalten.

Krüger, Konstanze; Marr, Isabell: **Forschung trifft Pferd,** Neuste Erkenntnisse für ein besseres Verständnis; KOSMOS 2022
Schluss mit Pferde-Mythen! Prof. Dr. Konstanze Krüger und Dr. Isabell Marr stellen die aktuellen Erkenntnisse der Verhaltensforschung vor und zeigen, wie sich dieses Wissen bei Ausbildung und Training sowie im täglichen Umgang nutzen lässt. Ein Standardwerk auf dem neuesten Stand der Wissenschaft.

Katzenberger-Schmelcher, Dr. Ruth: **Gehirnjogging für clevere Pferde,** Denksport auf vier Hufen; KOSMOS 2024
Die cleveren Übungen in Form von Denksport, motorischem Training und Gelassenheitstraining von Ruth Katzenberger-Schmelcher sind wahre Intelligenzbooster für Pferde und fördern ihre Selbstständigkeit sowie die Mensch-Pferd-Bindung.

Krüger, Konstanze; Marr, Isabell; Farmer, Kate: **Lateralität bei Pferden,** Was körperliche Schiefe, motorische Händigkeit und sensorische Lateralität bedeuten und wie Pferde in Balance kommen; KOSMOS 2024
Wie der Mensch verwenden Pferde ihre Körperseiten ungleichmäßig. Man spricht von Lateralität. Dieses Buch erklärt aktuelle Forschungsergebnisse und zeigt, wie der Vorzug des Pferdegehirns für eine Körperseite mit dem täglichen Umgang, der Haltung und der Gesundheit des Pferdes in Wechselwirkung steht. Es gibt Pferdehaltern wertvolle und leicht umsetzbare Tools, um die Lateralität des Pferdes zu erkennen, zu verstehen und im Training zu berücksichtigen.

Lubetzki, Marc: **Im Kreis der Herde**, Von wilden Pferden lernen; KOSMOS 2019
Tierfilmer Marc Lubetzki beobachtet und filmt seit 2012 ausschließlich Wildpferde. Während der Dreharbeiten wird er selbst Teil der Herde. Wie er das Vertrauen der Tiere gewinnt, und welche

Schlüsse er aus seinen einzigartigen Beobachtungen zieht, beschreibt er in diesem Buch. Es gelingt ihm, Missverständnisse, wie z. B. die Leithengst-Lüge, aufzuklären und dadurch neue Anregungen für die Haltung und den Umgang mit Hauspferden zu geben.

Seib, Catherin: **Wahre Freundschaft mit Pferden**, Erlebnisse einer Tierkommunikatorin; KOSMOS 2022
Man kann mit Pferden wahrhaftig sprechen. Tierkommunikatorin Catherin Seib kommuniziert auf telepathischem Wege mit Pferden und gibt diese Fähigkeit in ihren Pferdeflüsterer-Kursen weiter. In ihrem Buch erzählt sie berührende, verblüffende und aufklärende Erlebnisse sowie spannende Fallbeispiele aus ihrer täglichen Praxis – von prominenten Sportpferden, Freizeitpferden und ihren eigenen Pferden. Ihre Erfahrungen machen jedem Pferdebesitzer Mut, auch unkonventionelle Wege zu gehen, die eigene Empathie und Intuition zu stärken und auf sein Pferd zu hören. Denn die Pferde sagen uns, was sie brauchen – wir müssen uns nur für ihre Botschaften öffnen.

Wendt, Marlitt: **Was fühlt das Reitpferd?**, Signale richtig deuten, Partnerschaft verbessern; KOSMOS 2018
Die bekannte Verhaltensbiologin Marlitt Wendt führt in die komplexen Ausdrucks- und Gefühlswelt des Pferdes ein und hilft, seine Reaktionen besser zu verstehen. Mithilfe einer detaillierten Fotoanalyse schult sie die Sensibilität des Reiters und zeigt, wie man Mimik und Verhalten richtig deutet. So schafft das Buch die Grundlage für ein vertrauensvolles, stressfreies Miteinander und nimmt dem Reiter das unangenehme Gefühl, sein Pferd nur zu „benutzen“.

Wendt, Marlitt: **Die Rechte der Pferde**, Ein Plädoyer für Tierwohl und Ethik; KOSMOS 2023
Was bedeutet artgerechte Haltung und Pferdewohl? Welche Gesetze, Regeln und Rechte gibt es? Dieses Buch widmet sich den vieldiskutierten Fragen nach Individualitäts- und Persönlichkeitsrechten von Tieren und gibt Anregungen für eine artgerechte Haltung, bei der das Wohl des Pferdes im Mittelpunkt steht.

REGISTER

Abwechslung 98
Akzeptanz 127
Allgemeinzustand 36
Anpassungsfähigkeit 113
Antioxidantien 18
Anzeigen trainieren 87 ff.
Arbeitsgedächtnis 13
Arthrosen 32
Ausreiten 50 ff., 97

Begeisterung 58, 78
Belohnungsformen 59, 91
Beschäftigung 44 f.
Beschützer der Schöpfung 24
Besuch auf der Weide 39
Bewegung 45, 95 ff.
Bewegungs-Enrichment 49
Beziehungstraining 75, 99 ff.
Bindung 99 ff.
Bodenarbeit 97, 100

Charakter 21

Dankbarkeit 131
Darm-Hirn-Achse 16
Dauerfuttersucher 43
Dehnübungen 97
Digital Detox 131
Drohmimik 69
Durchatmen 131 ff.

Einstellung 115
Emotionales Enrichment 49, 129
Enrichment 46 ff.
Entspannung 75
Erfolgserlebnisse 79
Erinnerungen 13

Feedback 1 16
Filtermechanismen 12
Fischöl 18
Flexibilität 113
Formationen 19
Freie Bewegung 96
Freiwilligkeit 70
Fresspausen 45
Freundschaft 121
Führen 56, 112
Funktionskreise 59
Fürsorge 24
Futter-Enrichment 17, 46
Futterball 83 ff.
Futterlob 58, 77
Futtermittel fürs Loben 85

Geduld 73, 99 ff., 113
Gefühle 13
Geländetraining 9 7
Gelassenheitstraining 100
Gemeinschaft 35, 50
Gesundheit 129
Glaubenssätze 118
Grasen 18, 31
Grenzen setzen 130
Grundeinstellung 10
Grundstimmung 67

Handeln 125
Herausforderungen 74
Herdengestaltung 33 ff.
Heu 31
Hilfe 131

Impulskontrolle 71 ff.
Individualdistanz 19
Inhalationsgerät 105
Innere Kraft 9
Ins Wasser reiten 53
Integration in die Herde 33 ff.
Intrinsische Motivation 77
Inulin 17
Inzucht 21

Kahuna 24
Klarheit 112
Kleine Schritte 131
Kognitives Enrichment 48
Kommunikation 73. 100
Konzentration 12
Körperspannung 1 25
Kraftfutter 45
Kraullob 79
Kräuter 48

Laubgehölze füttern 47
Laufspiel 68
Lebenserfahrung 14
Leinsamen 18
Leistungsmerkmale 21
Leitseil 56
Lernatmosphäre 60 ff.
Longieren 96

Magnesium 18
Massage 97
Match to sample 87 ff.
Maul öffnen 106
Medical Training 104 ff.
Mikroorganismen 17
Motivation 76 ff., 115

Nährstoffe 1 7
Nervenstärke 21 f.
Nervensystem 16
Neugier 24
Neuroplastizität 14

Omega-3-Fettsäuren 18
Optimismus 60 ff.

Paarbindungen 36
Paddock 29
parasympathisches Nervensystem 16
Partnerschaft 121 ff.
Pausen 64, 132
Pektine 17
Persönlichkeit 11
Pferd als Spiegel 117
Pferdeausbildung 54 ff.
Pferdefütterung 43 ff.
Pferdegehirn 12
Pferdehaltung 29 ff.
Pferdeherd e 33 ff.
Pferdepflege 102
Podest 80 ff.
Positive Verstärkung 54 ff., 73 f.
Präbiotika 17
Probiotika 17
Problemlösungsfähigkeiten 128
Prozess 137

Raufutter 45
Regelmäßigkeit 106
Resilienter Mensch 111 ff.
Resilienz Definition 9
Resilienzfaktoren 29 ff.
Respekt 99 ff.
Robustheit 21 f.
Rohfaser 17
Routinen 131
Rückenprobleme 32
Ruhe 75, 111 ff.

Schnüffelteppich 93 ff.
Scout 19
Selbstbestimmung 6 6 ff.
Selbstfürsorge 127 ff.
Selbstreflexion 115 ff.
Selbstregulation 71 ff.
Selbstwertgefühl 10
Selbstwirksamkeit 66 ff.
Selektion 20 ff.
Sensorisches Enrichment 47
Sicherer Platz 56
Sicherheit 42
Spaß 101
Spielen 66 ff., 97, 100
Stabilität 111 ff.
Stallwechsel 38 ff.
Strafen 76
Stress 11
Stressbewältigung 44
Stresslevel 64
Stressregulation 16

Targettraining 61 ff.
Tradition 24
Trainingsschritte 58
Transport 106, 112
Überforderung 1 6
Unterstützung 128

Vagusnerv 16
Veränderungen 30 f.
Verantwortung 15, 80
Verbesserung 115
Verdauungssystem 16
Verladen 106
Verständnis 113
Vertrauen 99 ff.
Vielfalt 22
Vorurteile 118

Wasser 45
Weißdorn 47
Widerstandsfähigkeit 10
Wissenschaft 22, 90

Zahnkontrolle 106
Zeit für sich 131
Zeitmanagement 64
Zielvorstellungen 120, 122
Zucht 20 ff.
Zweckgemeinschaften 36

BILDNACHWEIS

Mit 136 Farbfotos von Cornelia Ranz/KOSMOS.

IMPRESSUM

Umschlaggestaltung von GRAMISCI Editorialdesign / Isabelle Fischer, München unter Verwendung von 9 Farbfotos von Cornelia Ranz/KOSMOS.

Mit 136 Farbfotos.

Alle Angaben und Methoden in diesem Buch sind sorgfältig erwogen und geprüft. Sorgfalt bei der Umsetzung ist jedoch geboten. Verlag und Autorin übernehmen keinerlei Haftung für Personen-, Sach- oder Vermögensschäden, die im Zusammenhang mit der Anwendung und Umsetzung entstehen könnten.

Unser gesamtes Programm finden Sie unter **kosmos.de.**
Über Neuigkeiten informieren Sie regelmäßig unsere
Newsletter, einfach anmelden unter **kosmos.de/newsletter**

Gedruckt auf chlorfrei gebleichtem Papier

ISBN 978-3-440-16889-9
Redaktion: Gudrun Braun
Gestaltungskonzept: GRAMISCI Editorialdesign / Cornelia Sekulin
Gestaltung und Satz: Atelier Krohmer, Dettingen/Erms
Produktion: Claudia Frank
Druck und Bindung: Westermann Druck Zwickau GmbH, Zwickau
Printed in Germany / Imprimé en Allemagne

FSC
www.fsc.org
MIX
Papier | Fördert gute Waldnutzung
FSC® C110508